U0012446

藍學堂

學習・奇趣・輕鬆讀

思維的良率

台積電教我的高效工作法，像經營者一樣思考、解題

品碩創新管理顧問執行長、前台積電營運效率主管——彭建文著

推薦序

好書難得，更要投資

——「大人學」共同創辦人　姚詩豪（Bryan）

二〇〇四年，我從美國唸完碩士回台灣，正式投入管理顧問產業。隨後台積電委託我的公司進行一項超過一年的專案管理提升計畫，正因為這個契機，讓我有機會近距離接觸台積電的工作文化。這一年當中，我幾乎每週都要跟台積電的員工與主管開會，一起解決各種難題。身為菜鳥顧問的我，當時的感受是佩服與震驚：我從來沒見過一家企業，如此實事求是與重視邏輯，而且這樣的文化深深刻印在我接觸的每個部門、每位員工身上。

往後在我十多年的顧問生涯中，經歷包含台灣、中國與美國的數百家企業，台積電仍然是我心中最佩服的存在。但身為一個外人，除了合作的那一年之外，我跟多數人一樣，只能從媒體報導來了解這間「台灣之光」。我常常想，若有天有人能從內部的貼身觀察，整理台積電的團隊文化與工作方式，分享給所有人，這將會是多麼珍貴且難得的資源！

真的很高興，我的願望成真！建文把他在產業超過十年的紮實歷練，寫成這一本難得的書。我光是讀到書中講述〈開會流程〉與〈主管提問〉的幾個章節，就讓我湧上當年和科技業共事的回憶，更深刻了解一家世界級大企業背後的管理理念。我相信讀這本書，跟購買績優股一樣，絕對會成為讀者一生中最成功的投資！

提升思維高度，從職場放眼市場

——知名半導體智慧製造部主管　David Jin

奇異公司（GE）前執行長 Jack Welch 曾說過：「Find the right job and you will never work again」，這句話著實是各行各業人士追求的最高層次。想像一下，你非常熱愛工作，每天出家門上班都抱著快樂興奮的心情；工作時也不覺得辛苦，反而覺得自己的工作很有意義，並且得到很大的成就感。我想這應該是很多人心中工作的夢幻境界。

要達到這樣的境界並不容易。職場專業人士要如何快速達到這樣的境界呢？身在當代的讀者非常幸運，能夠從《思維的良率》一睹建文老師高深的專業功力，相信每個人都能從書中找到快速有效率的工作法，通往更高層的晉升階梯。

我與建文老師相識多年，很高興他把過去在工作上累積的豐富實戰經驗，加上多年來兩岸授課的輔導心得，匯聚成一本實用寶典，提供給所有職場人士。

要成為成功的專業職場工作者，首先必須了解自己的人格特質、興趣及專業技能，接下來要建立正確及健康積極的工作態度，培養分析問題、解決問題的能力。讀者可以在書中第二篇〈高效、高準度的工作法〉學到具體方法，所有的方法有憑有據，絕不像市面的工具書一般，只談理論沒有具體作為。本書最寶貴的，就是建文老師多年的實戰經驗了。

此外，培養優秀的提問力可以讓人對問題有一針見血的了解，大幅提高解決問題的效率。本書也提供職場人士重要的思維養成：從產品的思維、市場的思維、財務的思維、競爭者的思維等等，都能大幅提升讀者的眼界及思考層次。

這本書不僅適合初入職場的社會新鮮人，也同樣適合各企業有心提升團隊績效的管理階層，我極力推薦本書給所有希望為提升台灣產業貢獻心力的讀者。

思維對了，工作就對了

（振鋒企業是專業製造工業起重用安全鉤具製造商，以自有品牌YOKE競逐全球。）

——振鋒企業總經理　林衢江

首先感謝也很榮幸能受到彭顧問邀請，為這本書提序，也藉此代表公司向彭顧問長期對振鋒企業的教導與愛護，表達敬意。

二〇一五年為了自我挑戰於是下定決心、勇敢改變，我離開已累積十六年科技產業的職涯，轉而投入自己最不熟悉的傳統產業，如同彭顧問書中所說的「接受挑戰，勇與改變」，對我而言，自己親身體驗過，更能感同身受彭顧問當年的經歷。

二〇一五年因為轉職認識了當時在公司做CIT輔導（持續改善團隊）的彭顧問，我們彼此都在高科技產業工作過，在某些工作思維與作法上有一定程度的契合。我們也知道，這些商業思維和工作法都是傳統產業的中小企業最需要、也最欠缺的，也因為思維相同，這幾年我們才能「裡應外合」一起推動ＣＩＴ的改善活動，過程非常順利，逐步建立了振鋒企業持續改善的企業文化。

這再次說明工作者思維的重要性，思維會轉變為態度，態度會轉變為行為，而行為會造就人的習慣，習慣也就造就一個人的未來命運。我也常與同仁分享，在你遇到問題的當下，你當下的思維想法就已經決定處理此問題的結果了，一個人的思維是成為卓越工作者非常重要的關鍵。

以此類推，如果企業想要成為卓越企業就必須要有好的企業文化，如同工作者想要成為卓越工作者，就必須具備正向的工作思維。同時，企業的企業文化又就是從每個員工的工作思維匯集而成，因此一群有相同思維的員工就會產生共振效應，進而形塑出一家公司的企業文化，而企業文化也進一步決定了這間企業未來能否成為卓越企業的關鍵要素，這也呼應了作者於書中強調，工作者思維對企業經營的重要性。

一個工作者具備良好的工作思維，再加上專業的知識及技能與系統性解決問題的能力，我相信就有機會能成為卓越企業所需要的卓越工作者。

作者序

不言十年有成，只談一身絕活

二〇〇一年，我剛退伍，剛好遇到經濟不景氣，從退伍前半年開始投履歷，前後大約丟了十幾家大企業都沒下文。我投的履歷中當然也有台積電，但一樣沒有下文。

不過，人生機緣難料。就在退伍前的半個月，軍中舉辦的徵才活動上居然有台積電的攤位，雖然當時沒有屬意的職缺，我還是抱著姑且一試、就算只有〇．一％機率也不想放棄的決心，硬著頭皮上了，可見我有多想進台積電啊！最後也真的如我所願，二〇〇一年五月底，我接到台積電正式錄取的電話，隔月十八日，正式成為台積電的一員。

台積電是我的第一份工作，一做就是十年。十年歲月中，我換了好幾個部門，雖然每天都有不同的壓力和挑戰，但憑良心說，這一路都是很棒的學習體驗。

剛進台積電，我待在生產管理部門，學到了有關生產規劃與控制的方法、製造管理方法、專案管理，還有流程管理等專業知識。後來我請調到品質管理系統部門，主要協助推動公司持續改善活動，陸續擔任持續改善活動的輔導員，也當任內部講師，專門傳授問題分析與解決的系統性方法。

後來我又轉到行銷管理，協助產品定價、客戶管理、行銷管理，以及市場分析，另外也做過長期的設備投資跟產能規劃，也參與會計管理方面的工作，了解產品成本結構，費用計算，以及產品價量分析等方法。

我待過各個部門，做過許多不同工作，每個工作都需要解決不同難題，也正是如此，我才養成了「經營者觀全局」的商業思維，以及解決各種難題的高效工作法。

在職十多年，我也獲得許多殊榮，例如：台積電「師鐸獎」（每年好幾百位內部講師中僅二十多位獲獎）。曾經代表單位部門，參加全公司「持續改善活動競賽」獲得第一名的殊榮（每年近千個專案，僅三個專案可獲得第一名），此外更榮獲公司最重要的獎項之一：台積電傑出工程師獎（當年全公司約三萬五千名員工，每年僅有約五位獲獎）。

我在台積電學到許多提升組織效率的管理思維和具體方法，也養成了紮實的工作實力，這段時間的淬鍊，讓我的人生更加精彩。台積電給我的六個重要養分、同時也是台積電的DNA：願景要大、承諾、創新、持續改進、實事求是與不斷學習，從進公司到離開將近四千個日子，這六個原則，就是我行為處事的準則，久而久之也成為DNA，對我的人生和後來的創業歷程，產生極大影響。

離開台積電後，我繼而擔任企業講師和顧問一職，看到台灣很多中小企業面臨營運效率不佳、持續改善不到位，以及組織內部無法進一步培育人才等問題。我把當年在台積電學到的工作方法與管理思維，用以協助台灣企業，客戶的回饋都非常正面。接受我的顧問團隊輔導的公司，幾年後整個組織的能量跟企業文化都有脫胎換骨的感覺。

我在公開課程也認識了很多職場人士，他們學習我的問題分析與解決方法、管理哲學，有效提升工作效率等方法，也有不同程度的成長。

我想透過《思維的良率》這本書，把我在台積電學到的經營思維和工作技巧，再加上這幾年的授課與輔導經驗，一併分享給每一位職場工作者。只要領受、讀懂、學會這些技能與管理思維，我相信人人都可以成為高效率的工作者。這本書可以幫助讀者養成商業思維，把眼界推展到企業家的高度，綜觀市場全局。另外，學習有邏輯、有次序地分析問題，更能讓你成為職場的解題高手，任何問題都難不倒。

我要謝謝台積電那段時光，所有協助我的長官跟同事，沒有你們的養分灌溉，無法成就現在的我。離開台積電後，我們品碩創新團隊的顧問老師們，我們一起輔導企業，協助企業成長，感謝我所有的顧問團隊和老師，尤其是侯安璐老師在過程中大力的協助與指引，萬分感謝。

最後也是最重要的，感謝家人的支持，沒有他們支持，我就無法實現擔任企業講師的夢，謝謝你們。另外，我想把這本書獻給天堂的奶奶，當年在台積電上班，有一段時間因為工作太晚，我常住在竹南老家，奶奶每晚都會等我下班回家才肯入睡，我非常懷念那段時光。

推薦序

作者序

PART 1 Reset 你的商業思維

PART 2
高效、高準度的不敗工作法

PART 1

Reset 你的商業思維

Chapter 1

4種能力，養成高彈性的商業思維

首先，我們先定義商業思維。以我的觀點，商業往來是一種「賺錢的方式」，企業要存續就必須不斷賺錢，這個觀念其實非常白話。而讓企業保持獲利、持續走在進步的路上，有前瞻性的策略、謀劃，就是商業思維。這條商業的「理路」要不斷往前看，不能被侷限在自己的眼界範圍，也就是說，除了解決問題，商業思維更是辦公桌之外所有職場人士都應具備的專業能力。

不同職位有不同的商業思維，養成的方式也不同，但目的都是為了讓公司和自己更好、獲利和收入更穩定。以工程師來說，工程師的職責是以自身的專業技術和知識解決公司問題，但我總會建議他們，不要只做自己負責的專案，也要從中養成自己的商業思維。

簡單來說，做任何工作都不能只顧眼前，必須了解維持公司營運的商業思維，如此一來，思考才不會侷限於單一面向。

我的商業思維主要是成長背景與工作期間的養成，我相信商業思維是每一位職場人士都應具備的能力。以下我從四個觀點來說明商業思維的重要，我以工程師為例，但你不必一定是工程師，這個概念適合任何職場人士。

一、更了解自己的工作，工作態度更宏觀

養成商業思維，可以讓工程師從宏觀角度看待自己的職務，了解這份工作的市場價值，進而產生成就感和使命感。

比方說，有些工程師可能認為自己是生產線上的螺絲釘，但若認定自己生產的是飛機材料「最關鍵」的一顆螺絲釘，工作意義就會顯現，進而產生使命感。

二、從商業角度，了解工作對公司的影響

從商業思維出發，可以看出自己的工作對公司的影響，並能站在老闆立場，用相同語言和他對話。

想像一個情境，今天有兩個產品要報廢，一般工程師很可能就直接處理了。但商業思維可以讓你看到報廢的影響性。例如，兩個產品報廢共造成四百萬損失，可能會稀釋本月每股獲利〇．〇〇二，這樣更能理解產品報廢的嚴重性。

三、看清局勢

在職涯選擇上，商業思維能訓練我們對市場更有敏銳度，預知環境未來的走勢與變化，提前做好準備。在一間公司，你就是公司的一分子，所以千萬不要侷限在專業

工作，不關心公司的營收與財務狀況，只懂傻傻做事，甚至連公司資產快被掏空了都不知道。

當公司遭遇危機時，有商業思維的人，往往會最先察覺，因為他能從大環境發覺問題，進而想好自己的退路。就我的觀察，很多不具備商業思維的工程師，在工作上都非常專業導向、非常固執，也很難溝通。公司裁員時，這些人往往會成為優先順位，因為他們不懂得用成本概念幫助公司節省支出、獲取更大利潤。

當你具備商業思維，工作時就會注意到更細節的問題。比方說，從公司的財報或與主管的交談中，得知公司去年營收三千萬，那這三千萬中，固定成本有多少？每月給付你的薪資有多少？當中毛利又有多少？

你算完之後發現，公司賺很多，但配給員工的股票與薪資卻很少，那代表什麼？這可能代表老闆吝嗇；相反的，假如算出這家公司賺不多，但員工福利很好，代表老闆也許很大方。這些細節你可以在腦中仔細運算，得到別人都沒有的訊息。擁有商業思維會讓思考更多元，不只有單一面向，了解公司營運狀況，會幫助你看清身處的環境。

四、勝任管理職與創業的必備技能

如果你將來想從事管理職或選擇創業，一定必須具備商業思維。身為管理者，可能常要與客戶、老闆開會，從商業的角度分析局勢，就是他們的共通語言。

高階主管的談話，幾乎沒有你在工作上常聽到的技術、專業用語，他們總是在談市場資料、客戶嗅覺、營收成本分析等等，都是以公司經營角度看待問題與決策。

如何養成有彈性、「應萬變」的商業思維？我建議先從四種能力培養起：產品思維能力、市場思維能力、財務思維能力、競爭者思維能力。

養成高彈性的商業思維

（一）、產品思維能力

所謂產品思維，是指清楚了解自家產品，不單只是看得見的產品，而是這個產品在「市場的樣子」。例如，你做的產品是晶片，就必須知道晶片用在哪，可能是筆電、手機，或是家電。

知道晶片用處後，必須了解產品的上下游供應鏈。例如，使用這個晶片的手機，是用什麼面板、配備什麼軟體？接著再去研究這項產品的優缺點。這些思考的鍛鍊，會幫助你知道自己在做什麼，不會讓思維侷限在「我只是生產晶片的工程師」。

（二）、市場思維能力

產品的最終目的是市場，因此除了產品面，也要思考市場面。這不是要求你潛心鑽研行銷與市場經營，而是至少了解市場趨勢與變化。

以生產晶片的工程師為例，可以試著了解未來智慧型手機的成長率。使用自家晶片的品牌，市占率如何？近幾年是成長還是衰退？拜網路發達所賜，這些趨勢和相關資料很容易蒐集。

接下來，進一步探討這些數據背後的意義。例如，當你發現使用自家晶片的手機，每年銷量都是以二〇%的速度成長，市場需求增加，就代表公司未來營收可能大幅成長，就看自己的公司能否在未來幾年提高產能，以因應市場需求。

（三）、財務思維能力

科技大廠的員工都要有成本概念，有些公司會特別開設相關課程給同仁進修，這門課通常是「非主管級的財務課」，專門教授員工看懂公司的三大財務報表（損益平衡表、資產負債表、現金流量表）。當然，員工可自行決定是否選修這些課程。

試想，如果一個工程師了解公司財報，就能用公司經營的語言來思考。他可能會想：公司上個月營收不錯，下個月財務報表顯示還有二〇%的成長空間。那他自然會浮現願景和責任感，因為自己的工作會在某方面影響公司的營收或成本。

然而，並不是每個人都得努力鑽研公司財報，我強調的是「財務思維能力」的重要。財報裡有兩個非常重要的概念，我建議每位職場工作者都應該了解：成本跟營收。

我在企業授課時，常會問該公司同仁清不清楚公司的成本結構，是人事成本高、固定成本高，還是變動成本高？我也會問他們，知不知道公司月營收多少？毛利多少？EPS多少？甚至再深入一點問，跟去年相比是成長還是衰退？越了解成本結構，就越知道如何降低成本，增加公司營收。

養成財務思維能力更可以了解老闆的想法。例如職缺，站在員工的角度，當然希望多一個人分擔工作量。但站在老闆角度，多徵一個人，代表人事成本增加，那麼更該考量公司的營收是否能有相應成長。

（四）、競爭者思維能力

最後一個也是最重要的，就是「競爭者思維能力」。例如主管常會問：我們的市占率多少？對手市占率多少？想超越競爭對手該怎麼做？

憑良心說，當時剛進業界的我根本不知道同業競爭有多重要，自己的事都做不完了，哪有時間想其他對手。

但是主管的問題其實是要刺激我們不斷思考，想想任何可能。這段歷程中，也無形訓練了我們的商業思維。

商業思維是一項專業，也是一種能力，我希望每一位職場工作者都可以從產品思維、市場思維、財務思維與競爭者思維四個面向著手，進而養成自己的商業思維。一旦具備商業思維，就能拉近與高階主管的距離，看待事物的角度會更寬廣，公司也會因你有所不同。

Chapter 2

3種管理手段，訓練整合性思維

許多工作積極的人會主動找問題改善，但多數可能都是單點的改善。不是單點改善不好，只是對公司整體來說，這樣的改善效率太慢，競爭力不夠強。有時單點改善後，才發現真正的問題不在這，而在另一個單點，那就會發生「今年改善這邊、明年改善那邊，後年再改善另一件事」的情況，為了解決這三個單點，可能要花費三年時間。

我們先要有「解決問題，不是時間問題」的認知。「問題早晚會解決」，聽起來只是時間問題，但嚴重的是，我們可能找不到有關聯的所有問題點，所做的改善更無法拉高公司整體價值。因此，能夠一次性解決問題的「整合性解決方案」有絕對的必要。

我舉一個例子解釋「單點改善」和「整合性解決方案」。新產品開發流程中，有同仁發現調查客戶需求的表格，寫得不很清楚，以至於「前端業務常花更多時間和客戶來回討論，釐清需求」，這是需要解決的問題，因此研發同仁與業務想成立一個專案，改善這個問題。

同一間公司的製造部門，也在新產品開發流程中發現，當新產品數量增加時，良率並不高，需要跟研發同仁來回討論，因此製造部門也想成立專案解決問題。

以上都是單點問題，如果想解決整個新產品開發流程，就是一個「整合性方案」。因此，應該成立一個新產品開發流程專案，從客戶需求到製造端，全面梳理「新產品開發流程」及後續作業。這聽起來可能很複雜、很困難，但如果解決這個流程問題，整個開發需要的時間，可能從原本的六十天，大幅改善到只要四十天。這樣的改善幅度，就能為公司帶來競爭力。

這是一種「整合性的管理思維」，在解決問題時，盡量不要從單點著手，應該思考如何解決全面性問題。

這幾年輔導企業，我喜歡運用以下三種管理手段，有效解決整合性問題：

一、培養流程再造專家

如果是大型公司，可以設立專門的「流程再造部門」，這個部門內每一個人都是流程專家。中小企業可能很難成立這樣的部門，也許可以培養幾位流程再造專家，專人專職負責，只要跟跨部門流程有關的問題，都可以統一由這個部門或專家負責整合。

簡單來說，這個部門專責執行跨流程、跨功能的專案，例如：新產品開發流程橫跨多個部門，因此就會有流程再造部門成立一個專案，召集所有相關成員共同解決新產品開發的流程問題。又例如，「訂單旅行流程」，很多公司會出現專案踢皮球的情況。專案中的不同環節，有人覺得是業務負責，有人說是製造部負責，也有人認為是生產管理的事。只要是跨部門、跨單位，流程長又繁瑣的專案，都可以納入流程再造部門，用流程的角度全面梳理，找出更好的整體解決方案。

當中應用的技巧，就是企業流程再造的方法和工具，從這幾年輔導與授課的實務經驗，我把企業流程再造（Business Process Re-engineering，BPR）架構成新的方法論，簡稱「BPR5大步驟」。我們的顧問團隊近期協助一家公司，讓他們的新產品開發流程整整縮短了三〇%以上，用的方法就是BPR5大步驟（如下圖）。

簡單來說，這套方法就是抓出公司內部有待改善的流程，然後畫出流程圖，簡稱「As-is流程圖」，此時相關部門要一起討論，實際了解這個流程作業目前是怎麼做的，有哪些表單，接著再根據現況，探討有哪些問題存在。最後你可能會發現問題非常多，這個時候就要根據這些問題，看看哪些可以優先處理，哪些問題可能還要額外成立專案解決。最後我們會根據這些問題腦力激

企業流程再造（BPR）5大步驟

目標	**尋找改善主題**：公司所有營運流程
As-Is	**現況分析**：流程圖分析、問題盤點（親和圖）
問題	**流程原因分析**：Why-Why分析、真因驗證PDCA
To-Be	**流程改善與創新** ：創意的工具、標竿學習法、ECRSI、試行
SOP	**流程管制與維持**：控制計畫、預防再發、管理、SOP、培訓

盪，思考解決方案，解決問題後，就會產生創新改善後的流程圖「To-be流程圖」。

比較As-is和To-be流程圖，你就會發現改善後真的省了非常多時間，表單也少很多，流程也會比較順暢，這些都是流程再造的成果（如次頁圖解）。

二、技術職的主管承接整合性專案

大公司內部的職務一般來說分成兩種，一種是管理職的主管，需要管人；一種是技術職的主管，不需要管人，工作主要是專案改善。只要是部門中重要且大型的專案，建議可以請技術職的主管執行。

當公司不斷成長，整合性專案或跨功能性的專案會變多，有些是持續改善專案，有些是創新型專案，更有些是從沒做過的專案。如果技術職主管每年都在做專案，專案管理的技巧也會更成熟，跨部門溝通與向上管理也會更得心應手，專案成功率會更高。

流程主題：新進人員薪資核薪作業流程

AS-IS流程

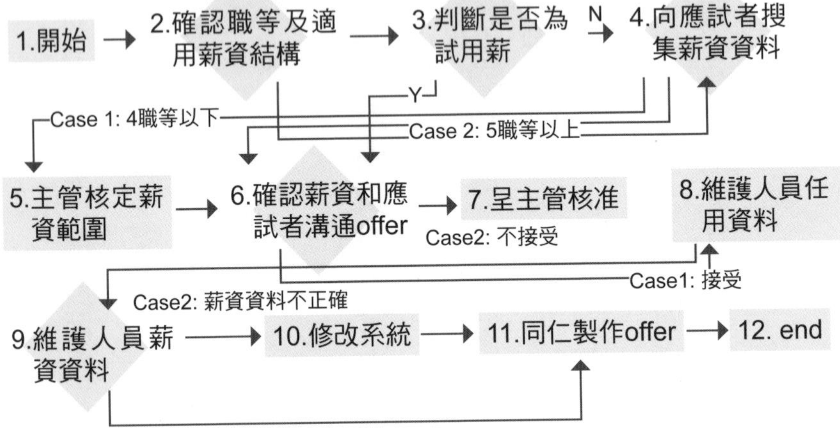

To-Be 流程

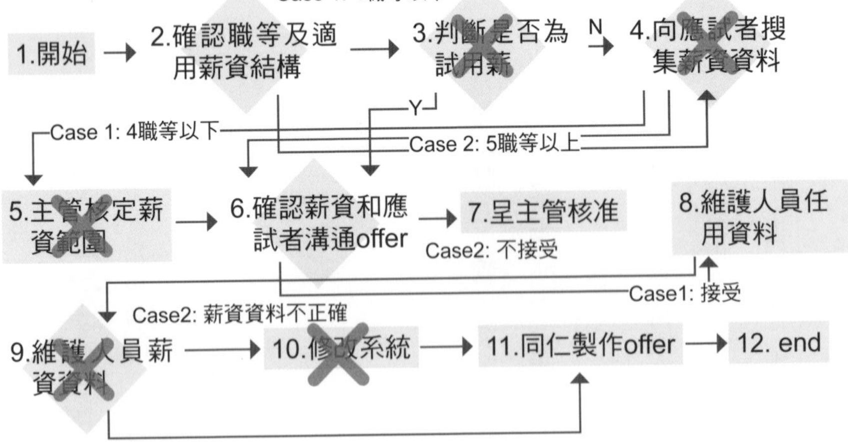

12個步驟變成7個步驟,新進人員薪資核薪作業時間減少40%
從5天到3天

如果公司內有十位技術職主管，平均每人每年做一～二個專案，一年內，公司的大型整合專案就有接近十～二十個，這樣的專案整合能量很驚人，還不包含其他職位做的專案數量。

三、專案小組解決整合性專案問題

公司內每年總需要執行一些整合性的專案，要達成組織或公司的年度目標。我建議主管成立專案小組，專案小組成員由主管指派，除了每天例行性工作，其餘時間就是負責完成專案。這個專案的發起人，需要比較高階的主管，他們要定期開會、定期審查，確保整個專案能夠成功。我在過去也常常輔導大型整合型專案，就我的觀察，能夠參與這種大型整合性專案，會讓同仁收穫良多。同仁可以藉此看到問題全貌，在解決整合性專案時，也能跟更高階的主管共同開會交流。參加過這樣的專案，也才會知道單點改善的效率真的太慢，唯有創造更多整合性專案，才能提升公司競爭力。

中小企業的規模並不像大型科技公司那麼大，整合性問題可能也沒那麼多，但無論如何，公司都必須培養整合性人才，這樣才能有效連結部門與部門、同仁與同仁，藉此以團結的力量提升公司競爭力。時代進步超乎我們想像，公司在做專案改善時，不能只做小改善或單點改善，每年應該都要有大型整合性專案，才能應付未來各種艱難問題。

Chapter 3

從顧客關係管理看經營思維

常去菜市場買菜的人，一定都聽過「買菜送蔥」的道理。雖然蔥的成本可能很低，也可能菜價早已計入蔥的成本，但這種「買幾樣菜，就送兩把蔥」的作法，卻很討顧客喜歡。很多人認為，買到價錢合理的菜，又多A了兩把蔥，買到賺到，心情當然好。

再舉一個例子，相信大家有去市場買肉燉湯的經驗，天冷喝一碗熱湯感覺真的很幸福。但要喝一碗幸福的湯，你卻不一定會煮。你可能會問老闆：「請問雞肉買回去，怎麼煮湯比較好喝？」於是，肉攤老闆大多會教你怎麼燉最好喝，甚至會拿一包中藥送你。「只要買我們家的雞肉，再加上這包中藥，鐵定好喝，不好喝的話，你來找我，我退錢。」

這些菜市場上的討價還價、買賣話術，以專業術語來說，就是所謂的「價值銷售」。把消費者或客戶的注意力，由產品價格移轉到產品價值，然後向消費者或客戶不斷提供有價值的服務，進而達成銷售目的。

當客戶不斷要求降價，我們就要更努力推廣產品價值，價值銷售技巧有以下三種：

一、價值銷售模式

曾有客戶說我賣的產品太貴，希望能降價，否則就不買。我就以價值銷售模式計算給他們聽，客戶最後仍選擇接受售價，直接買下產品。

簡單來說，價值銷售模式是假設我們家的產品售價是一〇元，競爭對手是五元，聽上去我們賣得比較貴，但如果加上幾個面向，結果就不一定了。

例如，我們的品質水準比競爭者高五％，我們服務的反應時間比競爭者快了一天，我們的產品交期比客戶快二〇%。因此，結合品質、服務的反應時間、交期三個面向，計算出費用，然後加到我們原本一〇元的售價上。算出來之後，其實我們應該要賣二〇元，但是現在只賣客戶一〇元，這會讓客戶感覺有「賺到」。

雖然售價比競爭者高，但是我們提供的服務面向都是客戶在意的，因此客戶還是會接受我們的售價。所有人都希望有更高品質、更迅速的服務反應時間，以及更快的產品交期，這就是價值銷售模式。

圖一：產品價值銷售模式梯形圖

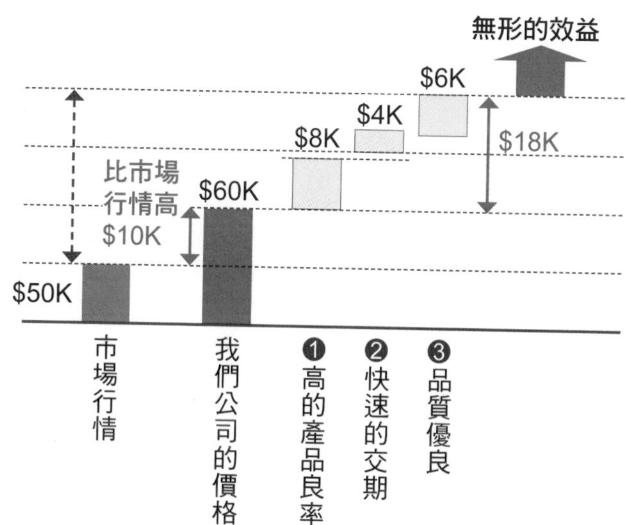

圖一是產品價值銷售模式的梯形圖，從這個圖上可以看出，假設有一個產品在市場的行情價是五萬元，雖然我們公司賣比較貴是六萬元，但是因為有比較高的產品良率，快速的交期以及品質優良，如果把這些因素加進售價，其實我們應該要賣七萬八千元，但現在只賣六萬元，其實是很便宜的。

還有一種無形效益不太能計算，那就是我們比競爭者還懂服務，我們針對每一個客戶都有專人專屬的服務，因此，和我們交易真的不算貴，這就是我很常用的產品價值銷售模式。離開業界後，我也常用這樣的梯形圖講授價值銷售，當中有很多價值性的觀念，需要公司內部不斷改善和創新，這樣產品的價值銷售才有意義。

另外很重要的一點是，價值銷售不能是老王賣瓜、自賣自誇，自己說的算，更要讓客戶感受到這樣的價值。

二、系統模擬器

客戶挑選產品時會仔細計算成本，如果把台積電想像成是賣晶圓與光罩的，其中晶圓就有不同尺寸，光罩也有不同尺寸。廣義來看，這樣就有很多產品組合。

因此，只要客戶告訴我們基本需求，我們就會透過一個系統模擬器，彙整出適合客戶的產品組合。針對每一種產品組合，還要告訴客戶優點是什麼、缺點有哪些，站在客戶的角度協助他們找出最有價值的組合，同時減少客戶摸索的時間。

我做個比喻，這有點像是挑選火鍋料，你想吃什麼料，湯底要辣、還是偏好清淡？我們全都包裝好，你只要點選需求，我們就會端出一盤最合胃口的組合。當你覺得這樁買賣很划算又省事，你一定會再來第二趟、第三趟，我們就能跟客戶保持很緊密的連結。

三、成本的持續改善專案

在價值銷售部分，因為客戶端每年都有降價壓力，所以我建議每年都要讓客戶有一定的售價降幅。但為了要守住一定的毛利，必須把「售價降幅」，當作「公司內部成本降幅的目標」。這是什麼意思呢？

例如：有一個產品降價三元給客戶，這三元就會侵蝕公司毛利。因此公司的專案改善，就會設定三元做為成本降價目標，而且務必要達成，如此一來，每年公司的毛利就能維持在一定水準。所以每年成本專案目標，就會對準售價降幅，一旦成本的改善降幅比售價降幅大，公司毛利就會比之前更高。因此成本的持續改善專案，就成了公司內部的DNA，達成價值銷售雙贏的目標。

當我們跟客戶收取較高價錢時，要不斷問自己：我們能提供什麼價值給客戶？這個價值服務客戶買單嗎？這個價值服務競爭對手也有嗎？這個價值獨特嗎？當你不斷提出價值思維主張，就會刺激思考角度，只要產品具有獨特價值，客戶就不會覺得貴。

以上三種價值銷售思維，除了適合企業之外，也適合每一位創業者。凡事以客戶為導向，協助客戶解決痛點，提升企業（或你的）價值，當這個價值達到一定門檻，其他競爭者就很難跨越。視客戶的競爭力為企業的競爭力，客戶的成功也是企業的成功，這就是「共好」的境界。

養出不變心的客戶

「嫌貨才是買貨人」，這句話真有學問，可以完美詮釋為什麼客戶總是會變心。你想賺，客戶也想賺；你想省，客戶當然也想省。與其花時間深究客戶變心的原因，不如好好檢討自己，你若是「寶」，客戶當然搶著要。

所以我說，「先讓自己更好」很重要，這是讓客戶不變心的第一步。我也相信每位職場人士都希望精進專業，讓工作更有效率，讓努力被看見，進而有升遷或加薪的機會。

曾有一位朋友找我聊天，他感慨工作了十年卻沒什麼成長，請教我一些看法。我接著問他：「你每年都有針對工作表現自我檢討嗎？有沒有請教主管平常如何看你？有沒有詢問同事對你的想法？有沒有去問客戶端怎麼看你？」從這些不同的面向開始，我建議他每年做一次檢討跟反省，然後透過回饋與自省，了解需要改進什麼地方，針對弱項或還有成長空間的部分，可以定下年度工作目標，不斷持續精進。

這位朋友說自己從來沒有固定反省和檢討，每天就是上班下班、上班下班，最多偶爾參加公司舉辦的企業內訓，就這樣過了十年。我衷心建議他，在職場打滾要有成就，必須不斷針對自己的工作與目標，每年定期檢討、反思檢核，不斷精進工作。

說到這裡我不免疑問，個人如此，那麼企業也一樣嗎？一家企業真的可以一成不變嗎？

大家可以想想看，目前待的公司，有沒有每年針對整體營運，透過管理機制做檢討，這些管理機制，有沒有從不同面向，不同角度來思考？我相信每家公司、每個部門或多或少都有改變，只是做得不夠全面，無法觸及多面向，甚至有機制一改就沿用好多年不變。

我們不可能用舊的產品或服務，持續贏得新時代消費者的青睞，看得見的產品需要持續推陳出新，做事的思維也是如此。

就個人觀察，企業營運改善有兩個重點：外部客戶稽核，以及年度客戶滿意度調查。兩件事背後的管理思維，正是企業強化競爭力主要推力。

一、外部客戶稽核，強化營運效率

多數公司聽到客戶來稽核，都是「矬咧等」，因為客戶每來一次，前置作業幾乎都要人仰馬翻，準備一堆資料，事後又有做不完的檢討報告。所以很多企業都不希望客戶來稽核，次數越少越好。

但有能力的企業才不怕，正好藉由外部客戶的稽核經驗，強化自我營運效率，也和客戶建立起信任機制。

我建議企業內部最好有一個專責部門負責客戶稽核工作。每次客戶來稽核前，都要事前預演，好成功通過客戶審查。

雖然客戶稽核是一件很繁瑣的事，但從另一個角度看，企業也能透過客戶稽核，看到自身看不見的管理盲點，有時甚至能詢問客戶建議改善方法。每一次稽核，對公司都是一次很好的營運體質檢查。一旦客戶提出建議作法，公司內部也能透過專案進行改善。

如果企業想在內部推動專案，也可以透過客戶稽核的方式，以客戶的力量驅動公司解決。

從正面角度看待，稽核既可以服務客戶，又可以跟客戶維繫強大的夥伴關係，更可以透過稽核過程取得客戶信任，又能夠持續壯大公司營運體質。

二、年度客戶滿意度調查，促成客戶忠誠度及業務成長

公司的存在是為了服務客戶，客戶絕對是公司重要夥伴。沒有客戶，就沒有公司。因此客戶的聲音、如何服務客戶、滿足客戶需求，是公司很重要的創新改善元素。

客戶滿意度調查，是確保客戶滿意度與需求有得到充分的理解。我建議最好委由中立的第三方顧問公司調查。

這項調查分析報告應包含：為什麼某個項目的滿意度較低？為什麼滿意度較高？滿意度調查也要和競爭者比較，做出差異分析，同時也要調查佐證資料，讓資料說話。

企業應該定期檢視、分析客戶意見，並提出適當的改善計劃，形成完整的「客戶滿意度處理流程」。我也堅信提升客戶滿意度，最終會促成客戶的忠誠度及公司業務成長。

簡單一句話就是，懂得平時好好待人，對方自然會有善意回饋。

有時常聽別人問，「你真的懂客戶需求，知道客戶在想什麼嗎？你真的知道客戶

說的跟做的不一樣嗎？」就我的觀察，很多公司都說自己是「客戶至上」，但實際都是「利己主義」先行，所以我建議，企業必須明確設定管理機制，扣合到客戶至上的核心價值，這樣才算做到持續改善，同時也精進經營體質。

Chapter 4

改變僵化思維，決策更有彈性

面對問題時，我們是不是常常無法跳脫框架，被現況或過往的思維絆住？或是害怕改變，無法傾聽不同的聲音和建議，因而無法有效解決問題。如果每個人在解決問題時，都可以拉高視野，站在經營者角度思考解決方案，其實多數問題都有機會好好解決。

我的角色是顧問，「解決問題」被我這麼一說，聽起來很容易，不過當你實際遇到困難，覺得自己想的辦法「怎麼可能做到」時，其實就是你在突破了。

我先分享一段小故事。有一家科技大廠的產品行銷全世界，每年總經理會交辦幾個專案，委託團隊共同解決。其中一個團隊負責解決產能問題，只要這個問題解決了，單位時間內的產能就會放大，只要產能放大，就可以幫公司創造更多營收，所以這個專案對總經理而言非常重要。

該團隊認為，解決產能問題最大的關鍵是「加工條件張力太大」。團隊思考的對策是「安裝感測器」，他們認為只要安裝感測器，就可以根治問題。事實上，這樣可能嗎？

覺得熱，就開冷氣。但很多時候，並不是添購一項設備、打開一個開關就能解決。我們想看看，就算安裝感測器，還是會發生加工條件張力太大的問題，只是發生問題時，可以即時被感測器攔截，讓問題不再擴大，不會加劇損失。但是，根本的問題——「加工條件張力太大」解決了嗎？這個對策不是解決方案，只是「暫時防堵對策」。為什麼他們會有這樣的思維？

專案人員思考對策時，腦海中可能會想出很多對策，但大腦馬上會思考對策的可行性，一旦大腦判斷對策不可行，這個對策就會被過濾掉，過濾掉的想法會永遠消失、不再出現。最後，專案人員只會思考自己「可以做到」的對策，這就成為他們解決問題的唯一方式。很多時候所謂的「急中生智」，其實只是從很多想法中決定一個自認可行的辦法而已。

面對問題時，若無法跳脫這樣的框架，被現況或過往的思維絆住，就無法根治問題，我們就會有「永遠處理不完」的問題。

那麼，如何解決上述「加工條件張力太大」的問題，同時又能跳脫框架，不被現況或過往的思維束縛呢？來看我們實際推演的過程。

天馬行空、釋放創意

首先，大家可以花幾分鐘，想想有什麼樣的「永久性對策」能夠徹底解決這個問題。

「你們先不要思考解決方案可否實施，因為有時候不可行的對策，在主管看來，搞不好是可行的，今年不可行，不代表明年不可行。」在團隊成員準備思考永久對策時，我先給他們幾個準則。

我建議大家站在真正解決問題的角度，盡量「天馬行空」思考，把不合理、不可能的對策都納入。

一般來說，解決一個問題要能想出五個以上的對策，再考慮各項對策目前的可行性。如果一開始就過濾想法，那麼這些想法就會從此消失，你永遠不知道，某些團隊成員的腦海中，其實曾出現過真正能徹底解決問題的方案。

接下來，我讓專案成員實際討論，讓每一個人思考，什麼樣的永久對策可以徹底解決問題。大概十分鐘，他們就想出了五個對策，而且這幾個對策，都是之前從沒想到的。他們很驚訝，調整思維格局後，短時間內就能夠想出這麼多解決方案。

於是，其中有一個對策不只能徹底解決問題，也確實能落地實施，團隊最終根治了原始問題，日後遇到相同問題的團隊，如果仿效這套作法，無疑是這家企業持續進步的最大推力。

只是改變思考角度，就可以想出那麼創新、徹底的解決方案，我的故事不是憑空想像的，日後如果你遇到相同狀況，不妨試一試，別被現況或過往的思維束縛。說不定你不想採用的方法，正是主管想執行的呢！

最後我歸納改變思維的四個重點，幫助大家確實執行：

❶解決問題所想的對策，有暫時對策、永久對策，只有永久對策才能根除問題。

❷思考永久對策時，要先發散。盡量一個問題發散五個對策以上，接著再討論哪些對策可行。

❸思考永久對策時，盡量以可以徹底解決問題的角度思考。你覺得做不到的，對主管來說或許可行，未來也可能有機會做到，不妨大膽提出。

❹思考永久對策時，盡量「天馬行空」，不合理、不可能的對策都要納入思考。

改變思維，從「不二錯」開始

相信大家一定聽過「不二錯」這個概念。在台灣長大的人，絕大多數都有死命拚考試、努力升學的經驗。有些人是天生學霸，很會考試；有人從小就不喜歡唸書，考試分數當然不好看。還有一種人，每次都考不好，但他習慣徹底弄清楚每次錯的題目，當類似題目再出現時，他會要求自己不要犯同樣的錯。

我們家的兒子今年國三，從國二開始，他就經歷了很多考試，因此我們常提醒他：考試分數出來後，一定要把不懂的題目，徹底弄清楚，盡量做到「不二錯」。起初他聽不下去，但是久而久之，當他發現很多題目重複出現，每次都沒搞懂的時候，就會感到懊惱。此時，我們會不斷灌輸他，考高分的思維就是「不二錯」。一旦有了這樣的思維，我相信在工作或生活上，都可以不斷成長精進，還可能倍數成長。

想像一下，擁有「不二錯」管理思維的個人或企業，幾年後與其他同業會有什麼差異？我可以肯定地說，就是成功或失敗的差別。我一直相信，改變僵化思維帶來的爆發力非常強大，我更相信一家成功的企業，一定有他人無法企及、獨到的思維彈性，才能扮演領頭羊的角色。

公司做好準備了嗎？

轉型是人為的決策，勢必需要人為的操作和執行。公司同仁有做好轉型準備嗎？公司有以轉型為前提徵選合適的人才嗎？或是說，公司有為了因應轉型調整人力配置，或拿出具體作法嗎？分享這幾年我在各大企業體會到的不同經驗，我以「資訊科技部門」（IT部門）的管理思維演進，和大家談談數位轉型與智能化的進程。

（一）、資訊科技人數比率

資訊科技人數比率，指的是資訊科技同仁人數占全公司人員的比率。背後的思維是，如果公司需要自行管理資訊系統、維護系統，甚至需要自行開發某些系統，在一開始就要培養自己的資訊科技人員，因此就要提高「資訊科技人數比率」。乍看之下必須投入龐大的人力成本，但長遠來看，效益其實很高。

科技業另當別論，台灣有許多中小企業（不管是傳統產業、零售業等）口口聲聲說要系統化、自動化，但資訊科技人才的配置比率卻非常低。更可怕的是，很多業主總以為「資訊科技」這件差事只要「電腦按一按」就能完成，也讓公司同仁叫苦連天。就算公司所有的系統全部外包，也要靠一定比例的資訊同仁對接與維護。這幾年許多產業談及數位轉型或工業化4.0，需要仰賴的資訊人才人則更多了。

想想看，你覺得半導體公司資訊科技人才占全公司人數多少比例？

我開始輔導其他企業、擔任顧問時，每當我問到這個問題，得到的答案普遍是一〇〇：一，好一點比例的可能會有八〇：一。但在科技業，這個比例大約是三〇：一。也就是每三十位同仁中，就有一位ＩＴ同仁。我們把人數放大檢視，如果公司有三萬人，等於就有一千人是ＩＴ人才，比例上很驚人。

比例好壞沒有標準答案。我相信科技業打從創業開始，應該就很清楚公司要朝自動化、系統化、智能化邁進，因此二十幾年前IT部門的人數就非常多。如果你覺得科技業在資訊科技這方面做得很好，其中一大關鍵正是公司領導者的管理思維。

（二）、系統化、自動化的決策思維

在我輔導的企業案例中，我都會建議IT部門同仁必須嫻熟系統性的問題分析與解決方法，因為寫程式的人，要了解客戶需求，也可能在寫程式的過程中遇到問題。建立自動化的報表或監控系統，當中牽涉到人與人之間的溝通，而這些問題大多必須快速解決。因此，解決問題的過程中，就會運用到邏輯思考能力及解決問題的工具跟方法。

科技業一定都有自動化生產管理系統，系統上有很多即時生產數據與自動化報表。任何東西，只要可以系統化，在管理上就會更即時、更有效率，也可以大幅減少人力負擔。最重要的是，由系統監控，才有辦法做到百分之百品質保證。

另外在每年度的解決問題專案裡，我一定會要求輔導企業的ＩＴ同仁也要參與改善，一方面可以讓同仁了解ＩＴ寫系統的邏輯，另一方面，ＩＴ同仁也能藉機會了解產線的語言，之後寫程式就會更符合彼此需求。

這是科技業的例子，但一般行業也能做到，這就是我要強調的：轉型的問題，不是裝一台機器、按一個開關就能解決的。思維有沒有產生實際作為，這一點非常重要，轉型不能只是紙上談兵。

我一直相信，思維改變帶來的爆發力非常強大。因此思考轉型時，不妨先檢核自己的思維。任何轉型絕不是嘴上嚷嚷而已，要做就要認真做，還得知道怎麼做。例如：公司說要數位轉型，是否在思維上先有做到轉型？因為思維不改變，任何轉型都注定會失敗。如果數位轉型已是確定方針，那麼公司ＩＴ人才比例，是否有逐年提升？公司同仁是否具備「不二錯」的思維？同仁是否有持續精進解題能力和工作技能？

這些思維檢核點，提供大家反思。改變僵化思維，公司轉型才有機會成功。

Chapter 5

永不滿足的思維，營造持續改善文化

說到「持續改善」你會想到哪些公司？有人說台積電、鴻海，也有人想到豐田（TOYOTA）……為什麼你會想到這些公司呢？

這些企業之所以成功，我想最重要的就是：持續改善文化。很多人說，十年磨一劍，我想這就是持續改善文化的最佳體現。成功並非偶然，是持續不斷累積的實力造就而成。

這幾年協助企業建立持續改善的文化，我都會以「CIT活動」為重要支柱。CIT是持續改善團隊（Continual Improvement Team）的縮寫，這個團隊的目的是改善公司的體質，增進競爭力。這是一個有系統且能持續不斷改善的活動機制，不論是同部門或跨部門，遇到問題時都可以找到相關的人組成團隊，進而解決問題。

目前我帶領的顧問團隊核心之一，就是協助企業導入並建立持續改善文化，以及推進組織變革。本章要和大家分享我們如何協助企業建立持續改善文化。

CIT活動，塑造團隊企圖心

細說CIT之前，我先講一段故事。

這幾年我一直想透過輔導，協助台灣中小企業重新塑造企業持續改善文化。曾經有一家客戶，公司規模約幾百人，在還沒有找我們輔導前，公司沒有導入持續改善的制度或系統性的解決問題工具。在我們協助輔導後，有一件令我印象深刻的事。

公司的一位新員工，先前在一家大規模科技公司工作數年，因為個人因素來到這家中小企業。不論是公司環境、辦公室或是餐廳，這家傳統的中小企業，都和科技大廠的規模完全不同。聽說這位新同事，報到第二天就打電話給女友說，公司環境跟想像中不一樣，他不知道自己會待多久，也許不久就會離職。

一個禮拜後，恰逢公司的ＣＩＴ競賽，部門主管邀請這位新同事一起參與。他除了感受競賽緊張的氛圍，也順便觀摩了其他部門如何做專案改善。

據說，他聽完整場競賽後，又打電話給女友，說自己很難想像會在一家中小企業的活動中，看到同事們滿懷熱忱，團隊如此有向心力。他說在這場活動中看到了團隊的企圖心，感受到過去未曾有的熱情與氛圍，因此決定留下來。

不知道大家對這個小故事有什麼想法？我聽到時，內心充滿感觸。因為ＣＩＴ需要時間，很難在短期內看出效果，除非公司堅持施作，長期下來才能產生強大力量。台灣很多企業其實比較希望達到短期效益，較不注重這種無形的東西。但這位新員工，卻從內部實際感受到了持續改善的氛圍，因此更願意投入，和公司一起成長。

以下我歸納五個ＣＩＴ推動重點，提供給有心想推動的中小企業主參考。

（一）、設置專人專職部門協助推動

公司要推動任何活動，一定要有專人負責。有些公司是由品質部門來負責推動CIT活動。過程中的教育訓練、品質改善與統計工具問題，都是由這個部門負責協助。另外，活動的成效和後續進展也是由這個部門整理。

（二）、建立CIT活動推行委員會

「CIT活動推行委員會」是由各部門主管擔任委員，負責部門為執行辦公室，並於各部門設置執行幹事。

委員會於每年年底舉行CIT審查會議，針對過去一年公司CIT活動推行成效進行檢討，並根據外在環境變化、評審建議、客戶回饋及公司競爭策略，訂定該年度專案工作重點及目標。執行幹事則依年度工作目標，進行各單位CIT活動推行作業。

（三）、建立機制，激勵同仁參與CIT活動

舉辦全公司性的改善案例發表會，藉由跨組織的觀摩學習，提升員工問題解決及創新的能力，並設立各類獎項鼓勵表現卓越的員工。期望藉由公開表揚的方式，激勵同仁積極參與CIT活動。

（四）、設置CIT案例管理及經驗分享平台

為了有效管理CIT案例，擴大經驗分享的漣漪效益，我建議建置CIT活動註冊管理系統及內部網站，提供員工進行標竿學習。網站內容包括歷屆得獎優良案例、品質改善與統計等工具介紹，以及持續改善競賽辦法等。

（五）、舉辦CIT相關課程

設計解決問題或品質改善等線上課程，要求所有參與CIT的成員都要上完規定課程，有些課程還會有線下實體課。

另外，也要在整個事業體的運作中，設置CIT Leader跟CIT輔導員相關的培

訓實戰課程，針對輔導員，設計認證制度跟流程，並聘請外部的專家講師，來協助同仁進階提升解決問題能力。

當公司全面形成一個持續改善的文化，團隊解決問題的能力就會不斷提升，整體組織的競爭力會形成很大的競爭門檻，效益非常驚人。

實際執行CIT

CIT一開始最重要的，就是選出專案題目，我們會提供企業一個遴選流程，這樣才不至於把公司的資源投放在不重要的專案上面。一般來說，遴選CIT持續改善的專案，可以遵循以下四大流程：年度會議、題目遴選、尋找團隊、委員會確認。

專案的成員很重要，公司內部應訂立準則，為什麼呢？因為公司推動這樣的專案改善，某個角度也在培育人才，因此不同專案的目的，專案成員的選定準則也會不同。以下說明兩種遴選成員準則：

❶專案以養成人才為主

- 尋找潛力同仁
- 自願想學習的同仁
- 專業不錯，想學其他技能的同仁

❷專案以解決問題為主

- 從各部門中挑出具專業背景，符合該專案的人才
- 曾經完成CIT的組員或組長
- 企圖心強的同仁
- 組長必須為主管或資深工程師
- 由組長來尋找組員

專案題目／團隊遴選流程

年度會議

- 選擇公司／組織策略做為案件題目
- 從組織或部門KPI尋找主題

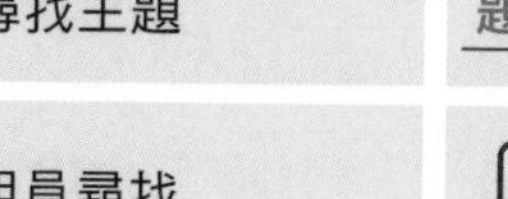

題目遴選

- workshop進行
- 參與者：各部門的主管與重要幹部
- 選出組長

團隊尋找

- 組員尋找
- 組長需要完成CIT的報名程序

CIT委員會確認

- 組長簡報
- 確認最後CIT題目與人員（電子簽核系統）

- 針對專案成員，組織應提供更大誘因
- 建議可視狀況安排無相關包袱的成員參與，刺激創新思維的同仁

一家公司在推動持續改善活動的過程中，一定會以績效指標來檢視整個持續改善的運作狀況，在此提供五個參考指標，分別是：專案件數、節省效益、參與率、輔導員合格人數、組長合格人數（如下圖，達成數字可依實際情況填寫）。

CIT改善活動絕對不能看幾個單一指標，就認定整個活動成功或失敗，這五個指標要放在一起看。

建議企業可定期檢視這些指標進行調整和檢討，另外千萬記住，主管喜歡看什麼指標，部屬很容易投

CIT指標	Q1	Q2	Q3	Q4
CIT專案件數	5	10	15	15
CIT節省效益（$M）	2M	3M	4M	4M
CIT參與率	10%	11%	12%	12%
CIT輔導員合格人數	5	5	5	5
CIT組長合格人數	3	3	3	3

其所好，特別重視該指標，這方面應盡可能避免。在推動持續改善過程中，有時不妨參考其他競爭對手，每年會調整哪些指標。這些目的都是希望公司的持續改善文化可以越來越好、越來越有競爭力、越來越有人性，最重要的是客戶也會越來越滿意。

從部門名稱，看懂企業轉型眉角

「數位轉型」是這幾年最夯的議題，從某個角度看，談的其實就是「企業轉型」。不管是企業轉型也好，組織變革也好，想在快速變動的時代生存，企業就必須持續進步，推動各種組織變革。

變革有小有大，小者可能是部門內推行新法，大者可能是事業單位之間合併、推動創新提案制度，或推動持續改善創新文化。在這樣的情況下，組織部門的任務和職掌也會有所改變。

有些公司一段時間內就會有組織變革，也會看到部門變革，而不論何者，都是因應時代潮流做出的相應改變。回頭想想你現在的公司，部門名稱有多久沒變了？如果口頭說組織變革，但部門名稱始終都沒變過，這樣子的變革是不是會讓人擔心呢？

許多員工在面對變革的第一時間，通常會抱持抗拒的心態，根據這幾年企業輔導的經驗，我發現很多同仁都有以下狀況：

一、已經熟悉原本的工作，不願面對新事物

二、要花時間學習不熟悉的業務

三、在適應過程中，工作難度和工作量會隨著增加

四、不了解公司為什麼要改變，維持現狀不好嗎？

五、覺得自己能力不足

以下我分享組織變革的四個方法，幫助企業和同仁成功應對組織變革，以及職場中的大小變動。

一、溝通與創造危機感

事實上，在企業裡，許多變革都是高階主管說推就推，員工往往只能被動接受。雖然推動變革的原因，可能是領導人看到未來的危機或機會，但若沒告訴員工原由，就要求大家接受，只會造成人心惶惶。因此，幫助員工擁抱變革最理想的方法，就是不斷溝通、再溝通，不要放棄任何溝通機會。總要讓同仁知道「為什麼」，大家才知道「怎麼做」。

溝通形式大致分成四步驟。

第一步：召開溝通大會

開會前，相關人員可根據事先發放的計畫書，思考開會時討論哪些議題。當會議正式開始，公司做的第一件事就是告訴大家，未來要進行哪些調整，以及這麼做的原因。例如是競爭對手採取某項行動，我們必須進行某些改變。會議時間約一小時，期間公司必須聆聽員工的想法。

第二步：開始行動

隨著變革啟動，某些員工可能會被輪調至其他部門，桌牌、名片和文件等行政相關物件也會跟著修改。接著，待推行變革一段時間後，會進到第三步「舉辦檢討會議」，檢討過程中還有哪些地方可以改善。

第三步：定期舉辦檢討會議

有關同仁都要參與檢討會議，建議利用便利貼的方式進行，檢討過程中有哪些地方可以改善，這些改善點必須有對應負責人，這樣會議才能不斷精進。初期必要時可以密集召開檢討會議，在整個變革過程中達成階段性目標。

第四步：階段性成果分享（進行再次溝通）

這個步驟是階段性的成果分享，讓所有參與變革的人知道目前組織變革的成果，也可以利用這樣的分享，讓同仁更有信心。如有任何問題，也可以在這個步驟跟同仁進行雙向溝通。

在溝通的四個步驟中，第一、第三，和第四步的重點都是和員工談話，這也表示「溝通」是組織變革中非常重要的一環。因此，當主管在和員工溝通時，必須特別注意想傳達的訊息。有二點是談話時務必涵蓋的內容：

❶變革的原因：主管應把變革這件事拉高到經營者的層級來看，告訴大家來龍去脈，尤其著重「推動變革原因」。

❷列舉成功和失敗的案例，創造危機感。明確告訴員工，推動這項變革有什麼好處，不推動有什麼壞處。主管不妨列出產業標竿，例舉哪些競爭者因為導入新流程，業績大幅成長；哪些公司因為拒絕變革，最後走向失敗。也就是說，公司必須為員工創造危機感。

溝通與創造危機感都是高階主管的工作。此外特別注意的是，溝通大會必須分部門舉辦，也不是辦一次就夠了。若公司只辦了一場兩、三百人的大會，那就不是溝通，而是布達大會。

即便是強硬的變革，還是要有雙向溝通的空間。不管溝通的結果如何，公司最後仍會推行變革，但必須傾聽大家的想法，在大方向不變的前提下，根據員工的建議調整細節。若公司沒做到這點，溝通大會就失去了原本的意義。

二、透過提問，幫助員工調整心態

藉由提問，主管可以在日常工作中，幫助員工培養樂意接受改變的心態。舉例來說，我很喜歡「每年改變一〇％」的文化。員工會在年初時問自己：「和去年相比，我今年可以做出哪一〇％的轉變？」公司要將變革轉化為一種共識，植入團隊的

DNA，讓員工覺得「改變」是必然的事，而且每天都在改變。

在這樣的職場氛圍中，主管每年都要問員工：「你今年一〇%的改變是什麼？」、「關於明年的專案，有沒有想做些不一樣的改變？」通常願意每年嘗試改變的人，就是大家所謂的一流人才。

此外，第三方協助也是促使員工改變的催化劑。主管和員工相處的時間很長，由於對彼此太過熟悉，員工有時並不清楚主管是否認真想進行變革，還是只是隨口提起。高階主管不妨尋求外部專業顧問公司支援，確實將變革的想法傳達給員工，或是透過提供教育訓練，讓員工了解公司推動變革的決心。

三、打造願景，激發員工企圖心

若公司一直很賺錢，員工抗拒變革的心態就會很明顯。大家會認為，現在的狀態已經很好了，沒必要做任何改變。

面對這樣的情況，公司必須打造激勵人心的願景，激發員工企圖心，讓大家了解利潤不是唯一目標。願景會驅動員工做出改變，必須讓同仁擁有榮譽感，促使他們願意主動學習和改變。好的願景應該要讓人覺得有點距離，但又沒那麼遙不可及。此外，公司也要讓員工知道，若想實現願景，大家每年應該做哪些事。

舉例來說，若某家成衣製造商想在五年內，從全球第四大晉升為全球第三大（有點挑戰，卻可能達成的願景）。第一年，他們採取行動，挖角競爭對手的業務主管。接著，公司內部的海報和識別證也跟著改變，放上「三年後，公司要從第四大變成第三大」的標語。辦公室氣氛時刻都圍繞著願景，不論是開月會、季會，或任何一場供應商大會，所有主管都在討論這件事。當員工執行任何一項任務時，彼此都會問：「若公司要成為產業第三大，我們還可以做什麼？」

只有在員工認同公司的願景時，大家才能長久走下去。若某位員工對組織缺乏認同感，那麼不論公司是否推動變革，對方早晚都會選擇離開。因此，公司應該創造屬於自己的文化，吸引認同這些理念、擁有相同價值觀的人才加入。

四、建立落實組織變革的制度

變革只是過程，重點是變革後持續落實改變。因此，變革必須伴隨著制度和績效考核，否則變革可能當下成功，一年後卻又消失不見。換句話說，任何一種變革在落地之後，若沒有制度規範、方法章程，便無法形成持久的行為或文化。

舉例來說，某公司的員工處理事情時，總是依賴直覺與經驗，造成服務品質不一而下滑。為了解決這個問題，公司想推動變革，鼓勵員工運用一套固定的流程來執行任務。這時候，公司應該同時建立一項制度，要求大家每年都運用這套流程，至少完成一項專案，並將這件事訂為一項ＫＰＩ。若這套流程確實能改善工作，久而久之大家就會漸漸養成習慣，採用新的方法執行任務，不再只是憑直覺行事。

此外，若員工認同，公司每隔一段時間就要推動一次變革，這時候就應該設立專人專職來處理變革事務。每次的變革經驗，都非常寶貴，這些專門負責變革專案的同仁，要整理出許多推動變革的技巧，讓未來推行變革時更加順利。

公司應該讓員工了解，每一次的改變都在協助大家成長，更要鼓勵同仁珍惜變革過程中學到的所有事物，視變革為增強能力的機會，而不是增加工作負擔的麻煩事。

不管是數位轉型或組織變革，我期盼大家都可以運用這四個方法，在變革當中獲益，進而在職涯更上層樓。

Chapter 7

企業「核心價值」的虛實

談企業核心價值之前，我先分享一個故事。

有一間中型企業，產品行銷全球，公司成立四十年，每年都有穩定成長。該企業在培育人才上非常用心，每年會編制一定費用，培訓公司關鍵人才及組織轉型。這間公司的核心價值是：「誠信、創新、務實、客戶」，這四個核心價值公開揭示在官網上，聽說已訂定三十多年了，一直標榜為員工行事的準則。

因為輔導授課的關係，我有非常多機會參與這家公司的專案討論、日常會議。一陣子下來，我在開會過程中發現了一些問題。例如：某些部門會先在會議中承諾某件事，但在下一次會議中卻反悔，說本部門不負責這項業務。為什麼呢？因為參與會議的同仁，往往在會議結束、回到部門內討論時，才發覺這不是他們該負責的業務。

有一次，我跟該公司的高階主管談到這個問題，「你們公司的核心價值不是有一個『誠信』嗎？為什麼常發生這樣出爾反爾的事呢？」我直接了當地說，該公司的核心價值其實就是口號，對外做做樣子而已，沒有真正落實。

「我們公司的核心價值是創辦人自己喊的，不一定代表同仁行事的準則，這樣的核心價值根本無法落實，更不用說成為公司的組織文化。」這位主管很誠實回覆我。

另外，該公司還有一個核心價值：「創新」，但公司內部真正實踐創新的只有研發部門，其他部門既沒有創新專案，同仁也沒有創新的想法。公司的日常運作完全看不出有任何創新痕跡。記得我還參與過一場關於「流程創新」的會議，但許多中高階主管都表示，公司既有的流程已運行了那麼多年，根本沒必要浪費時間改來改去，同仁也會很難適應。他們同時也表示不解，「流程明明沒有問題，為什麼一定要改？」

其實，從流程創新會議上不難發現，不僅是同仁，主管的思維也跟公司的核心價值不符。「創新」意味著勇於改變現況，但在這個案例中，完全看不出主管有勇於改變現況的膽識。

以上的故事，也許你有同感，或者你的公司也是這樣。我想藉這個故事告訴大家，其實台灣有不少企業的核心價值，完全跟員工的行為準則脫鉤。

落實「核心價值」關鍵：對的人、對的環境

有很多大企業會把「志同道合」列為優先錄取條件。能力可以培養，但找到「對的人」，認同公司理念與核心價值，更為重要。

每一家企業初期都是由各產業的人才組成，直到公司茁壯後，才慢慢以「公約方式」管理，把核心價值與企業發展模式緊密結合，這是企業成長必經的過程。在某些企業，更有員工違反公司核心價值，日後在職場很難生存的例子。

舉例來說，假設公司有一個核心價值叫做「專注本業」，也就是公司的營收都是從本業賺來的。如果財務主管透過財務槓桿幫公司賺了很多錢，這樣有沒有違反「專

注本業」的價值？答案是：「有」，財務主管違反了公司的核心價值，公司就可以請他走人。

這件事如果發生在其他公司，也許會有升官機會，因為財務主管幫公司立了大功。規則不同，因地制宜，這就是企業的核心價值，真正落實到每個人做事的行為準則。

落實企業核心價值，經營者須了解自己的個性與優缺點，了解客戶端的文化特性，更應以公約方式管理企業，把核心價值與企業發展模式緊密結合。例如台積電有四大核心價值：「誠信正直、承諾、創新、客戶信任」。誠信正直列第一條，就是要求同仁不能講假話、不能吹擂，答應的事一定要做到，但也不能輕易答應。

我的團隊顧問陳伯陽，同時也是TQM（Total Quality Management，全面品質管理）專家，他認為，在輔導企業建立核心價值時，要把核心價值成功落實到日常管理中。這個作法有兩個關鍵因素：

（一）、建立核心價值與員工的利益關係

全面落實公司的核心價值，最好的方式就是和員工「利益掛勾」，才能讓同仁有感。以「創新」這項價值為例，如果同仁在工作中創新、創造價值，讓公司因此營收成長，就可以從營收中撥出一定比例給員工。對員工而言，實踐核心價值就有實質利益。為了建立核心價值與員工之間的利益關係，需要實施以下四個工作要點：

❶指定當責單位規劃與落實核心價值
❷提升落實核心價值的工作到戰略層面
❸高階主管有宣導責任
❹讓員工了解企業生存與核心價值的關係

核心價值能否真正落實，全繫於企業與同仁之間的正向關係，公司高層不能說一套、做一套，甚至出現「髮夾彎」，必須做好榜樣，員工才會心服口服。真正落實核心價值，才能形成企業文化。

（二）、建立有利落實核心價值的環境

建立有利落實核心價值的相關制度，透過制度不斷規劃、執行、檢討，再規劃、再執行，持續改善循環，才能讓同仁感受公司執行核心價值的決心，也真正落實到每個同仁身上。我建議企業實施六項重要工作：

❶修改管理辦法配合落實，例如考績規定、用人原則等
❷明確處理違反事項
❸塑造樣板、透過故事宣導
❹持續抽測落實情況與員工反應
❺檢討主管在建立創新文化中的功能
❻舉行落實核心價值的重要活動，如實際提案

如果台灣中小企業想推行核心價值並真正落實，可透過下面兩大步驟進行：

步驟一：標竿學習

針對公司發展，值得我們標竿學習的企業有哪幾家？為何值得我們學習？這些公司有哪些成功因素？做些什麼？他們的文化、價值觀、同仁一致的行為準則是什麼？

以上這些是落實核心價值前的重要提問，向典範學習，一定比自己摸索更有效率。我建議可列出「標竿企業的六大面向」（如左頁圖一），當成未來落實核心價值時調整的依據。各位不妨試著想想看，把理想標竿寫下來。

步驟二：現況分析

借鏡他者，同時更要了解自己。針對公司現況分析，我建議朝以下六個面向探討：（各位也試著想想看，填寫在圖二表格中）

❶企業文化。例如：公司是不是有人情味的公司

❷團隊帶領。例如：主管企圖心不夠，中階幹部的能力有待提升

圖一：標竿企業六大面向

為何選擇這家	標竿對象
願景	企業文化
價值觀	處事風格

❸訊息溝通。例如：單位本位主義太重，部門間的溝通不夠開放

❹市場機會。例如：特定市場需再加強擴展，如：網路購物

❺流程運作。例如：新產品開發的時間太冗長、表單太多

❻人力發展與管理。例如：人才素質不高，公司培訓又少

我建議企業利用工作坊或問卷的方式，進行全公司現況分析，調查與統計中高階主管的認同程度；更可以透過管理顧問公司協助，同仁們可能比較敢講真心話。

最後要回到「公司的價值觀是什麼」這個根本的問題，哪些是在公司絕對不能犯的，公司處理的原則又是什麼，在訂立價值觀之前，必須有通盤了解。有兩個方向供各位檢視：

❶面對現況，公司目前具備哪些特質，值得傳承延續

❷面對未來的挑戰與機會，公司應具備哪些特質

另外在核心價值行為準則傳遞的過程中，我吸取了台積電和各大企業的作法，在輔導企業的時候，提供三大原則，幫助企業依循核心價值，同時有效傳遞給員工：

- **「說」，同一套語言**：使員工認知核心價值內容及行為準則標準，並透過說故事等形式使之傳播。
- **「做」，以身作則全員參與**：透過共識會、工作坊及各類會議定期追蹤回

圖二：公司現況六大面向

企業文化	團隊帶領
訊息溝通	市場與機會
流程運作	人力發展與管理

顧，推動各級主管和每位員工以身作則，開始在日常工作中展現。

- **「鞏固」，鞏固制度保障**：透過儀式建立、榜樣樹立、價值觀行為考核與激勵，以及制度審核與行為準則定期評估，確保外在行為顯示與精神內核一致，並通過定期的評估及相應行動，反覆鞏固強化。

核心價值不是口號，對一家企業而言，至關重要，可以讓同仁展現核心價值的行為準則，進而形成公司文化。我相信每一家成功企業，都是十年磨一劍，一路都是不為人知的艱辛歷程。只有真正落實企業核心價值文化的企業，才可以引領公司上下持續前進。

Chapter 8

團隊的共振效應

「台積電的執行力超強」，這句話不是台積人自誇，而是我輔導的客戶親口說的。如果你跟台積電往來過，也會有類似體悟。

舉台積電赴美設廠為例，自從台積電評估可能在美國設廠，公司內部組成團隊就動了起來：要在哪裡設廠？如何計算成本效益？要邀請哪些供應鏈夥伴一起前往美國開拓市場？還要在美國晶圓廠旁另闢一個園區用地，讓供應鏈夥伴進駐。這些台廠，除了供應台積電，也要能藉機會開拓美國市場。因此，這些供應商夥伴也要一起去美國考察。這些事情聽起來簡單，其實私下運作要花很多時間。

還沒開始建工廠，台積電就積極建立美國新廠人力。當地需要數百名生力軍駐地工作，為此，需要舉辦內部徵才說明會，設定赴美工作配套福利（如本薪加倍、保險、住宿等），也要協助同仁申請綠卡。這些動作，在在突顯公司內部強大的團隊執行力，而這高效率的執行力，背後考驗的就是整個團隊的運作與效率。

三步驟養成強大、極致化的執行力

一、同頻的團隊成員，產生強大的共振效應

我曾看過一個影片。實驗者隨意撥動好幾個會發聲的鐘擺。剛開始，所有鐘擺擺動雜亂無序，但漸漸地，有些鐘擺慢了下來，有些則開始加速。鐘擺的擺動頻率竟會變化，進而趨同。到達臨界時間點，所有鐘擺越來越整齊，方向相反的鐘擺，也開加速擺動速度，與其他鐘擺趨同。最後，所有鐘擺的擺動和聲音都整齊劃一了，這就是「共振效應」。

當團隊產生「共振」，效應非常驚人。我們的想法是一種振動，執行力是一種振

動，態度也是一種振動，它們會產生共振，並相互影響。當一群人同時擁有同樣想法，群體的想法將能帶動更多人，所產生的強大共振，就會帶動組織裡的每一個人。

我建議組織內部要培養「共振效應」，這樣每一個人做事的頻率都會相同。在這樣的氣氛下，如果某些人做事方式、態度、頻率都跟組織格格不入，就會很辛苦，甚至會被組織能量震倒。

二、組織內部，以任務為最高原則

很多公司或多或少都有派系的影子。比如說：甲先生是林副總他們那一派的，乙先生是郭副總這一派的，而公司現在是林副總主導，他未來有可能會升上總經理，所以很多人可能會來討好他，希望林副總升遷時不忘帶上自己。當你跟錯人，在組織裡升遷的機會就很渺茫。

不同的人際小圈圈，不管是工作上、私底下，可能也會一起吃吃喝喝、培養感情。在企業組織中，相對於解決問題或是執行過程，這類派系都會產生問題跟阻礙，因為派系成員往往會以個人因素做決策，而不是以公司利益為標準。在討論事情時，常也不是「對事」，而是「對人」。

台灣具有國際級、指標性大企業，就我個人的觀察，真的比較沒有派系，比較沒有小圈圈，大家都以目標任務為最高指導原則，都在想如何解決問題、如何服務客戶、如何讓營運效率更好。這樣的組織，就像是非常圓滑、無摩擦力的球，滾動起來就相當快。

三、團隊運作，水平與垂直互相進行

好幾年前，我在中國輔導一個非常大型的專案任務。起初我們先思考，這個專案與哪些部門有關，由此先做水平展開，最後建議八個部門的主管都要參與，這八個部門的主管都有決策權，而每一位部門的主管回到自己部門後，又成立一個團隊來執行自己部門所承接的任務，確保每一次開會的項目，都能如期完成。

看起來只有一個大專案，其實是由八個小專案所構成的專案。大專案的負責人，我們稱為Business Owner，八個部門的主管，我們就稱為Process Owner。透過Business Owner與Process Owner水平展開與垂直整合，多溝通、少抱怨，讓整個專案的執行力，運作起來更有效率。當時這個輔導案，我們三個月就完成了，而且成效非常好，我們就是運用團隊的運作，讓水平跟垂直互相整合，發揮綜效。

當時我也建議輔導的公司，每一個專案執行完後，所有的成果和相關知識都要儲存起來，組織需要建立優異的知識管理能力，一旦問題發生重複，就可以馬上透過知識管理，快速執行，展現高績效團隊的執行力。

為了要成為世界一流，我相信每家公司都在不斷成長，公司所有同仁也都有很強的危機意識。當公司成長，而個人卻沒成長，個人的存在就會成為公司的累贅。

共振效應極為驚人，如果讀者有機會帶領團隊，可以挑選「頻率」較一致的同仁組成團隊，重複操練前述方法，團隊就會像滾動的輪子，越滾越快、越滾越有效率。

PART 2

高效、高準度的不敗工作法

Chapter 9

從小問題看事實全貌

解決問題的時候，你是抱持著差不多的心態，只求解決眼前的問題就好？還是會徹頭徹尾深究問題背後的警訊？

有一次我輔導一家製造業，發現他們在處理產品異常時，並沒有清楚的邏輯和步驟，都是靠「自己的經驗」解決，所以問題反覆發生，設備工程師也為此感到苦惱。

其實，解決問題有既定邏輯和步驟，因此我建議他們，當遇到設備異常時，最好用「解題的8個基本流程」處置（如圖一）。

因此我便幫這幾位設備工程師培訓，期待他們把基本的解題能力實際用在工作上。

上課是一回事，實際解題又是另一回事。我把這段小故事分享給大家，也同時探討解決問題應該有的步驟和正確作法。

解題流程演練

故事是這樣的。某天下午，生產線同仁發現某台機器生產的產品有刮傷，這可不得了，他馬上呼叫設備工程師。

工程師來到生產線，首先釐清產品刮傷是在哪個位置，大小、形狀為何。接著再根據這些資訊，進

圖一：解題的 8 個基本流程

行設備基本檢查。檢查完後，發現機器沒有任何問題，但產品仍有刮傷。工程師接著打電話給所屬主管，討論是否暫時停機，深入檢查。

討論之後，他們決定暫停機器，快速進行檢查，同步展開緊急必要處置。首先，他針對問題，寫信通知所有相關生產線部門同仁與主管。信中內容提到：「目前生產線有某機台生產的產品有刮傷，目前已先停機深入檢查，若有緊急產品，請不要派工至該設備，處理中如有任何狀況，會立即通知大家。」接著，工程師馬上跟製造同仁討論，現在該機台不能生產，應讓目前等待生產的產品，移到其他運作正常的機台上。

當時現場所有動作和處置作為，比我的文字敘述還來得快。

接下來，工程師做了一系列調查，仔細找出產品有刮傷的根本原因。工程師先去設備維修資料庫裡，尋找這個機台，確認過去有沒有發生過類似問題。結果顯示，過去兩年，該設備都是零問題，從來沒有發生過這種狀況。

再接著了解，同樣的其他設備有沒有發生過類似問題。結果發現，去年有同款機台出現類似情況，當時懷疑可能是Robot鬆脫，在旋轉的時候刮傷了產品。這下終於有線索了！

同一時間，生產同仁也忙著在資料庫尋找，不同的設備有沒有發生過類似問題。結果發現，好幾年前有某台設備有類似狀況，當時花了好長時間尋找原因，文件記載原因是螺絲鬆脫。太棒了，這也是重要線索。

整理完所有線索後，設備工程師隨即進行Robot檢查，果然發現這個Robot的角度不是正常角度。進一步探討原因，可能是時間久了螺絲自然鬆脫，但危險的是，設備的日常管理並沒有特別注意該項目。最後，同仁終於有共識把這項工作列入日常管理。

問題解決告一段落，工程師發信給所有相關同仁，信中註明：「目前機器設備已經正常運作，是由A原因造成，採取的對策是B，接下來會持續觀察產品狀況。」除此之外，該產線同仁也在思考，有沒有什麼監控機制，只要監控到機器設備不對勁，就可以自動發出提醒，讓工程師先做處理，不至於等到產品出問題後才處理。這樣不只浪費成本，也會造成無法如期交貨，引起客戶端抱怨。

知識管理是關鍵

經過這次事件，設備工程師發現，使用基本的8步驟處理問題、分析問題，真的快又有效率，也比較有完整的邏輯架構，當然也能找到真正原因，對症下藥。

我再把流程轉換成簡單好懂的情境（如圖示）。

以上兩個流程差異在哪？簡單來說，在操作實務上，不同產業會有各自的基本動作和檢查，但解決流程的邏輯和方法都是通用的。此外，本篇談的解決方法有一個前提，那就是「過去的資料」。公司過去有沒有把解決問題的紀錄保存下來，當成知識管理？這會是日後解決問題時重要

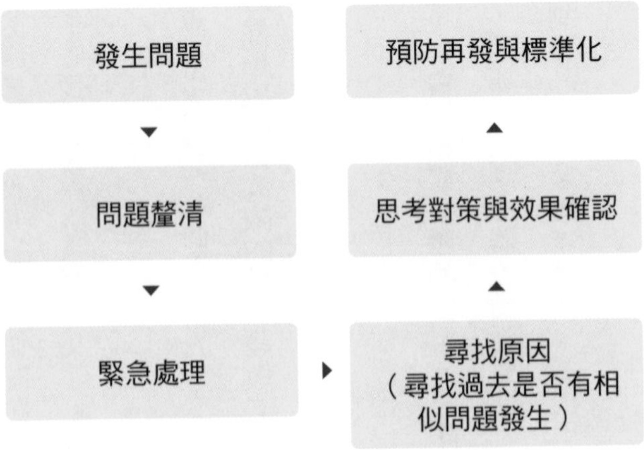

發生問題
▼
問題釐清
▼
緊急處理
▶
尋找原因
（尋找過去是否有相似問題發生）
▲
思考對策與效果確認
▲
預防再發與標準化

的關鍵。如果解決了問題卻沒有留下任何追溯紀錄，日後尋找問題原因就形同大海撈針，費時又費力。

我常看到很多問題當下解決了，過一陣子又再度發生。這可能是以防堵方式處理問題，結果治標不治本，雖然短期內問題不再發生，但是長期而言卻可能累積了許多未知的未爆彈。

凡事不可能一蹴可幾，解決問題的步驟和流程很重要，也許時間很緊湊，但你要耐下心來，臨危不亂也是大將之風。記得也要標竿學習別人的作法，再回頭檢視自己，依循正確步驟解題，對未來一定會有幫助。

Chapter 10

超實用的8D問題解決法

Covid 19疫情爆發以來，許多人在工作上都面臨不少麻煩，無論是技術問題還是心理層面，相信大家都有深刻體驗。當習以為常的步調或節奏出錯了，我會運用「8D問題解決法」解題。不是科技業或製造業背景的讀者，可能沒聽過8D問題解決法，其實這個方法非常適合各產業的職場人士。

8D問題解決法來自福特汽車。大概在一九八〇年代開始，福特汽車要求很多供應商在遇到客訴時，填寫Ford 8D report。也就是說，在不知道問題的真因（Root Cause）時，可以此作為解法。而8D就是由8個DISCIPLINES（解決異常事件的8個原則）組成。目的是為了避免客訴問題重複發生。時至今日應用範圍更廣了，不少高端企業更把8D視為解決問題的標準步驟。

8D 解題步驟

	步驟	內容	心法
D1	選定主題與建立團隊	選定改善主題建立解決問題團隊	選定組織或部門在意的問題
D2	描述問題與掌握現況	精確描述問題進行完整問題分析	精確陳述問題比解決問題重要
D3	執行及驗證暫時防堵措施	驗證暫時對策追蹤成效	100%防堵問題再次發生
D4	列出、選定及驗證真因	大量思考可能原因驗證真因	根據事實資料說話
D5	列出、選定及驗證用永久對策	大量思考對策驗證對策	凡是一定有更好的方法
D6	執行永久對策與確認效果	執行永久對策一段時間	確認消除真因改善問題
D7	預防再發生與標準化	思考潛在問題	落實日常管理
D8	反省、恭賀團隊與規劃未來方向	水平展開與反思	知識傳承

我們的顧問團隊，曾協助一家國際企業導入8D方法論，讓8D成為公司內部解決問題的共通語言。導入後不久，該企業主管很開心告訴我，他們開會的成效變得更好了。

他說，以往公司在解決問題的討論會議上，幾乎都看不到什麼成效，談論問題、原因、蒐集相關數字，人人各說各話，無法聚焦。幾次會議下來，問題還是問題。這樣的會議空轉久了，很多人更覺得浪費時間，索性就不參加了。

導入8D方法後，情況就不一樣了。每一次會議都可以設定主題，例如：這次會議是步驟二，「描述問題與掌握現狀」，會上所有討論必須聚焦在這個步驟，當溝通協調更加順暢，問題解決的機率就會大增。

究責絕非當下重點

8D方法論的基礎思維是：遇到問題，先做問題確認與定義。完整分析問題極為重要，因為方向錯，就是全盤皆錯。

接下來就是蒐集數據、分析資料、找出真因、驗證對策，讓改善流程更有系統性，同時還要有明確數據佐證，不能只倚靠經驗判斷。

有時候，我們以為的真因不一定就是真因，因此一切都要有佐證資料，打破以往經驗或舊有思維。利用數據資料找到真因及對策後，需要確定改善效果，並持續觀察成效。處理問題有邏輯、瞻前顧後思考，才可以按部就班依次解決問題。

另外，解決問題的過程中，不要花時間責備造成錯誤的操作人員，究責絕對不是當下的重點，而是要思考如何改善流程，不再重複發生問題。

在我協助過的企業案例中，有一家企業總是會花很多時間責備犯錯人員，把人罵得一無是處：「為什麼會錯！那麼簡單還會錯！能不能專心一點！」

我的疑問是，會不會是該公司的作業流程或作業系統，讓操作人員很容易出錯呢？為什麼不花更多時間思考，改善作業流程呢？如果可以設計出人員怎麼操作都不會出錯的機制，那不是更好嗎？而8D正是檢討流程和機制最有效的方法。

其實8D的應用層面很廣，不僅可以應用在組織問題，例如：如何降低產品不良率？如何縮短新產品開發時間？如何降低客訴件數？也可以應用於個人層面：如何提升薪水？如何在工作中更快樂？如何降低體重？這些問題都很適合應用8D法解決。

公司落實8D法解決問題，這樣的作法固然可行，但我們必須理解，解決問題的方法從來不只有一種，也沒一條絕對非走不可的路，重點不是採用了某一套方法，而是有沒有確實落實每個步驟，不是敷衍主管或客戶。假如沒有落實，那這套方法就沒有意義。

我已經把8D問題解決法，內化成自己的能力了，日後無論遇到什麼問題，我都很自然地習慣以8D法分析。變強沒有秘訣，只有不斷練習。

接著我用一個生活上的案例實際操作8D，你也可以運用在工作和生活上，遇到問題的時候，可以用8D來分析與解決，解決問題後，也可以利用這樣的方式呈現給主管，相信日後解決問題時你會更有邏輯。

便當裡的頭髮

不知道大家有沒有吃過「加菜」的便當，我指的是「吃到頭髮」，我個人很常遇到就是了，當下總會覺得不太舒服。所以，假設我們是賣便當的自助餐店，如何降低便當有頭髮的問題就很重要。我把問題分析表格化整理出來（如下表）。

以上是用8D邏輯步驟解決便當有頭髮的問

D1：選定主題與建立團隊	D1.1.改善主題	降低便當有頭髮的發生次數	D1.2.建立團隊	Leader: Rick Member: Merlion、Jacky、Candy
D2：描述問題與掌握現狀	D2.1: 使用4W2H(what, who, when, where, how, how impact)描述問題 What：便當中有頭髮 Who：訂購便當的客戶 When：10/3、10/7、10/8中午（10月有3次狀況） Where：發生在菜裡，飯裡沒有 How：目視就可發現 How impact：造成客戶退貨，影響聲譽 D2.2: 設定12月改善目標：0次			
D3：執行及驗證暫時防堵措施	1.接到客訴後，立即協助客戶改訂其他餐點，有問題的便當不收費 2.安排人員在送貨前進行100%檢驗		負責人	Jacky 從10/9 開始

D4： 列出、選定及驗證真因	以人、機器、原料、環境等四個層面，思考是什麼原因「造成便當裡有頭髮」： 人的因素：1.1 競爭對手放的／1.2 員工帶入的／1.2.1 員工惡整／1.2.2 炒菜師傅不小心帶入 機器的因素： 2.1 鍋爐不乾淨 原料的因素： 3.1 夾在菜裡帶入 環境的因素： 4.1 廚房環境髒亂 經過實際查證，發現廚房環境有一些頭髮，在那段時間，有幾位同仁沒戴頭套，疑似過程中頭髮掉進便當裡。
D5： 列出、選定及驗證永久對策	D6：執行永久對策與效果確認
共實施兩項對策： 員工強制戴頭套：即日起規定所有工作人員必須戴頭套，頭套戴完後要給組長確認沒問題，才可以上工（負責人：Merlion， 11/3起實施） 每日下班前須打掃廚房，由Merlion檢查（11/1起實施）	11/3仍發生一起，已在送餐前檢查出。11/4至12/30為止，沒有再發現頭髮。 隔年1月開始，取消送餐前檢驗工作。
D7：預防再發與標準化	建立兩份『標準作業程序』，並安排教育訓練（負責人：Candy） 建立員工戴頭套的標準作業程序 建立每日下班前打掃廚房的標準作業程序

題分析。在解題的過程中，還有幾件事要特別注意，查證時，可以把佐證資料照片附上，這樣會更有說服力。標準作業程序裡最好有文字敘述、流程圖和圖片，閱讀上也會比較清楚。所有的對策一定要有負責人，以及完成時間，這樣後續才能追蹤。

在解決問題的過程中，如果需要開會，建議可以把會議紀錄留存起來，未來當成知識管理的一部分。

我衷心希望大家能把這套方法學起來，未來在工作或生活中，如遇到複雜難解的問題需要解決時，除了憑藉經驗和知識，也可以借助8D法釐清思路。也許在過程中，你就會找到自己的盲點，利用這樣的邏輯推演，可以更有系統解決所有問題。

Chapter 11

釐清思考的3 x 5 Why 解題法

不知道大家有沒有遲到的經驗。我讀書的時候，偶爾會睡過頭，有時乾脆就翹掉一節課，祈求老師不點名。但如果是上班睡過頭，可就不太好了。多數人可能匆匆忙忙，或騎摩托車、或開車，加速衝去公司，賭一把趕上打卡時間，不然就得跟主管請半天病假。畢竟如果理由是睡過頭，肯定會被認為責任心不足，而且這樣的事情，可能過一陣子又會發生。

好幾年前，我曾經在《品質月刊》發表過有關「3 x 5 why」的文章，得到很多回響。讀者回饋說，把「3 x 5 why」用在客訴事件上，找出問題原因，真的是一個比較全面，能讓思路清楚的有效工具。

這幾年我在企業傳授問題分析與解決的課程中，我都會建議客戶好好善用這項工具，因為這項工具在探討原因時，是從三個層面來思考，比較有機會達到防堵或根除的效果，也很適合做為管理者看待問題的方式。接下來，我會先說明這個工具，再使用一個案例進一步解釋，相信各位會更清楚。

三大面向、五次提問

相信不少在職場打滾幾年的朋友們多少都使用過「5 why分析」，探究造成特定問題的因果關係。這個方法需要反覆提出五次「為什麼」，以垂直式思考一層又一層深入問題。面對簡單的問題，反覆提出三次或四次「為什麼」就可以找出原因了，但面對更複雜的問題，提出五次「為什麼」就夠了嗎？

3 x 5 Why即是由此盲點衍生的，這個方法概念更廣，意即是從三大「面向」，提問五次「為什麼」。

三大面向是指：

❶問題的發生源（Occurrence）：為什麼會發生這個問題？原因是什麼？

❷問題的流出源（Escape）：為什麼沒在內部攔截到問題，竟流向客戶端？

❸問題的系統源（Systemic）：為什麼公司的系統（管理系統、品質系統、設計系統等）允許這個問題發生？

3 x 5 why分析工具，即是針對「問題的發生源」、「問題的流出源」和「問題的系統源」分別提問五次「為什麼」，因此，總共會問十五次。當然，若遇到無法再繼續問下去的情況，就可以停止了。

比較魚骨圖、5 why分析後，我認為3 x 5 why更是全面防堵問題的工具，這套方法的因果關係更有條理，還考慮到不同的層面，把問題分析立體化，看得更透徹。

認識這套新方法前，我們在尋找問題根源的時候，很少思考「流出源」和「系統源」，通常會把焦點專注在「發生源」，限縮自己只有一條路能追根究柢。

3x5 why可以幫你打通一條死路，走出三條活路，這三層面向，都可以全面檢視同一個問題，更能徹底根不再發生，甚至可以做到及早偵測，以減少事後損失。其中「系統源」更是強大，可以從更高的層面看待問題，找出漏洞預防問題。

如何解決「上班遲到」問題？

實際練習你就懂了。我們一起解決大家都碰過的問題：上班遲到。首先問題發生時你一定要知道「問題是什麼」，這樣才能由這個起點繼續深入。畫一張流程圖解題會更流暢：

步驟一：問題是什麼？為什麼昨天我上班遲到？

步驟二：為什麼會發生這個問題？

步驟三：為什麼這個問題發生了，卻沒有被攔下？

步驟四：為什麼系統讓這個問題發生？

接著把四個步驟轉換成圖說，整件事就更具象了。日後不管什麼問題，都可以透過這樣的格式來分析，與人討論也會更清楚。

好好想一想，面對最日常的問題，你能看出什麼？

按照過去的解題邏輯，你可能認為換一顆新電池就能解決鬧鐘問題了，但很不幸，因為電池有壽命，所以隔一段時間，你又會因為電池沒電睡過頭。

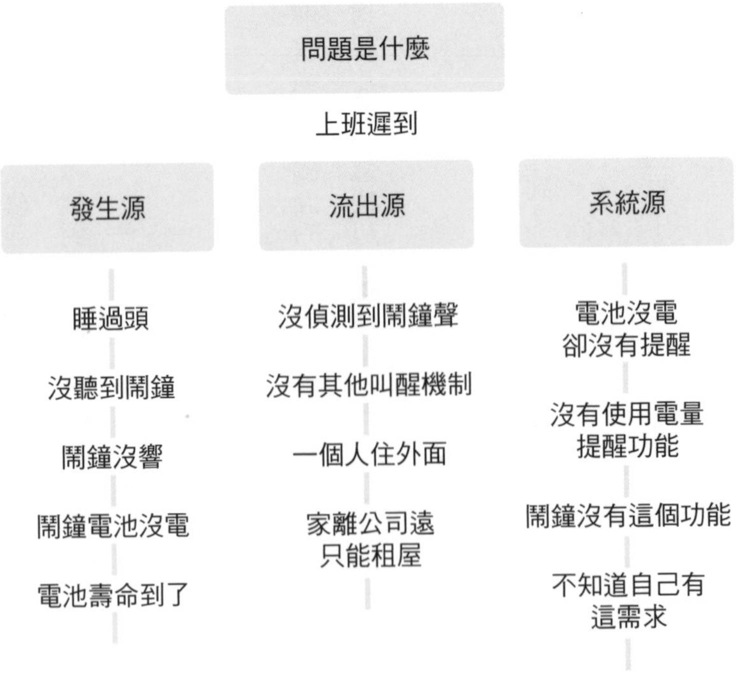

問題是什麼

上班遲到

發生源	流出源	系統源
睡過頭	沒偵測到鬧鐘聲	電池沒電卻沒有提醒
沒聽到鬧鐘	沒有其他叫醒機制	沒有使用電量提醒功能
鬧鐘沒響	一個人住外面	鬧鐘沒有這個功能
鬧鐘電池沒電	家離公司遠只能租屋	不知道自己有這需求
電池壽命到了		

這樣的循環是不是常發生在工作上？當東西壞了，你的對策就是汰舊換新；當有一個人常常出錯，你的對策就是把人換掉。你會認為已經解決問題了，但類似狀況卻還是不斷發生，永遠都會有問題。

3 x 5 why 分析完根本原因後，要從分別從「發生源」、「流出源」、「系統源」來思考對策。你可以用二支手機當鬧鐘，也可以用一個鬧鐘加一支手機來叫醒你；可以請室友起床順便叫你，也可以改用會顯示電量的鬧鐘。總而言之，你必須讓思考的面向更多元。

不管在工作或生活上，都可以利用這個工具全面分析根本原因，再針對每一個原因思考對策。建議大家在工作上使用這套工具時，可以找同事一起討論，針對每一個根本原因，尋找佐證資料支持，這樣一來說服力道會更強。

3X5 why 在科技業界行之有年了，成效也不錯，許多人一開始對這套工具感到驚訝，原因是他們過去分析問題時，往往都只顧及一個面向，不知道還有其他面向。以我自己的經驗來說，我常使用3X5 why帶領企業解決問題、預防問題，甚至在問題發生時不至於造成重大影響。

如果你是管理者，可以要求底下同仁運用這套工具解決問題，讓他們養成習慣，在解題時能有不同層面的思維，日後解決問題時會更快速，更全面。

Chapter 12

3步驟，解決人的Bug

「我們是業務人員，每天處理的大部分都是『人的問題』，系統性的問題分析與解決方法對我們有用嗎？」很多銀行、房仲，或是通路服務從業員都有這個疑問。我的答案是，「當然可以」。

職場上「人的問題最難」，系統性的問題分析與決策方法，可以幫我們解決很多問題，許多「人的問題」經過分析後，往往都不是「人的問題」。

我用以下二個場景來說明，如何運用系統性問題分析與解決方法，排除「人的問題」。

場景一：問題定義不清楚，全推給人為

很多人討論問題的時候，其實連問題都搞不清楚，更不用說解決問題。在我的企業諮詢案例中，有某間公司剛開發出一套新系統，要進行內部測試，每個部門都要支援幫忙。一段時間後，辦公室的氣氛越來越有火藥味。

「別部門的人竟跑來我的部門，為了系統問題爭論不休，我都不知道他來幹嘛，問題也是越聽越複雜。」一名主管向我抱怨。

在還沒釐清前，很多人都會認為這是「人的問題」，主觀認為是部門與部門之間的溝通問題，但分析後就會發現，真正的問題就是公司剛上線的新系統。甲不懂，跑去問乙，乙不懂為什麼要問他，兩人都覺得對方應該要懂，牛頭不對馬嘴，這時候真正的問題就失焦了，反而變成人的問題。

系統錯誤率居高不下，但公司每個部門都參與了測試，在還沒清楚定義問題前，貿然指責「都是你的問題」，很容易吵成一團，讓原先單純的系統問題，變成看似難解的「人的問題」。

場景二：討論沒交集，效率低落

討論問題的時候，很多人會有「聽不懂對方在說什麼」的問題，彼此沒有交集。遇到這種情況，很多人也會認為這就是「人的問題」。

其實這是因為大家各有想法，也各有解決問題的邏輯和經驗，所以會造成討論時間拖得很長、花很多時間了解彼此的邏輯及思緒。遇到這樣的問題，只要大家學一套共同解決問題的方法，就可以在同個方法論上有相同的節奏與步調。

比方說，今天的問題還在分析階段，那就請大家先針對問題蒐集資料，好讓開會討論時可以從資料中看出線索。問題分析，我建議使用5W2H進行，也就是問What、When、Who、Where、How與How Impact，「規則講清楚了」，這樣開會時就能夠聚焦在同一個方法上。

還有開會效率不佳、同一件事討論時間過長，許多人會將問題歸因於「主持人沒掌控好時間」，但只有這個原因嗎？難道除了會議主持人，沒有其他問題造成會議效率不佳嗎？

很多人在解決問題時都習慣單向思考，認為把燙手山芋丟給別人就沒事了。從以上這些問題，我想告訴大家，因人爭吵，從來不是解決問題的方法，分享我最常用的三個技巧，希望可以幫大家「解圍」。

三技巧，解決「人的問題」

「爭吵，才是人的問題」，的確很難處理，但真正的問題呢？是不是更容易忽略了？

針對以上這些問題，我提供「系統性問題分析與解決方法」的三個技巧，未來你遇到「人的問題」時可以派上用場。

技巧1：遇到問題時，請釐清問題是什麼，這個問題清楚嗎？這個問題是表面問題，或是核心問題？這個問題背後真正要處理的是什麼？

技巧2：解決問題的相關成員，需要用一套共同的「系統性問題分析與解決方法」討論，也就是以同一標準、規則審視問題。

技巧3：在解決問題的過程中，不要單方面認定是「人的問題」，應該全盤思考，合理設想有沒有「系統面問題」、「制度面問題」、「管理面問題」。

回到文章開始的案例：部門與部門之間為了某個問題爭吵，我想藉此教大家分辨表層問題和核心問題。

部門間的爭吵是表層問題，因為爭吵很明顯，誰都看得出來，「爭吵的原因」才是核心問題。我們可以透過三個提問釐清核心問題，真正的核心問題其實是：某系統測試結果錯誤率極高（如下圖）。

釐清核心問題的三個提問	思考後，得到真正的問題
1.問題清楚嗎？	例：每個部門都需協助系統測試，目前測試的錯誤率居高不下。真正的問題不是部門與部門之間，真正的問題是：系統測試期間錯誤率極高，應歸咎於開發單位。
2.你該如何解決？	
3. 這個問題要解決什麼？	

Chapter 13

滾動式修正和動態解題

新冠疫情衝擊，我想大家都有深刻體會。不管是工作還是生活，疫情帶來的種種不便，讓我們心力交瘁。這時候，接受「改變」與否，已經不是一種選擇，而是一種必然。

我有一位朋友，原本計畫二〇二一年五月中旬結婚舉辦婚禮，賓客、桌數都已預定，更準備了三百盒喜餅。就在婚禮前三天，疫情快速惡化，全國進入三級戒備，迫使他們不得不緊急取消宴客。

我在想，如果是我怎麼辦？我會怎麼做呢？我也許會先確認喜餅的效期。如果效期還久，可以考慮等疫情趨緩再寄送，或者自己開車挨家挨戶送。甚至打消分送親友的念頭，把禮盒轉送給需要的社福機構。

動態性問題分析與決策

在疫情期間，你有遇過類似狀況嗎？當然，每個人遇到的問題都不太一樣。但你或許有發現，疫情之下這種因外在環境不斷變動，必須不斷改變決策的狀況，跟你的經驗有些相似。我把處理類似問題的能力，稱為「動態性問題分析與決策」的能力。

什麼叫動態性呢？就是「某事物或系統，永遠處在持續發展或變化過程中」的狀態。因為是處在這樣的狀態，所以需要不斷改變決策，直到整件事或系統停止發展，你才能說問題解決了。

無論疫情，或是任何時候，一定要有動態性的問題分析與決策能力。這個能力，可以再細分成四種思維。只要具備這些思維，在解決問題的過程中，你才有辦法因應外在的變化，迅速處理問題。

（一）、敏捷式思維

所謂的敏捷式思維，就是短程的開發循環及強調快速分批產出，快速取得回饋，然後快速修正。

在動態問題分析與決策中，敏捷式思維非常關鍵。換句話說，當你遇到這類問題，要快速想出對策，然後趕快執行，取得效果回饋，再做修正。你不需要想出最棒的對策才進入執行，這會把應對時間拖長，讓問題更擴大。

問題一發生，就應該立即處置，然後再思考防堵的暫時對策，問題止血後，接下來再思考治本的對策。

（二）、彈性與同步思維

過去我們解決問題，一定要先做問題分析，再分析原因，最後才思考對策。但若事態發展迅速，解決問題就需要更大彈性。決策速度必須更快，所以在問題分析時，就應該先思考對策，也可以先想出暫時防堵措施。

在解決問題的邏輯步驟上要更有彈性，因為目的是快速解決問題，因此彈性跟同步思維顯得格外重要。

（三）、無限思維

市場上沒有既定的解題規則或思維框架，因此遇到問題時，我們不該被當下或過去的經驗困住，以此判定成敗。

市場變化多端，很多問題可能從未發生過，根本沒什麼經驗可依循。因此，我們一定要有跳脫思維框架的勇氣，才有辦法解決眼前的問題。

多元團隊的組合，也是跳脫思維框架的方式，可以讓個人的思維框架在團體中解放。在解決問題上，透過多元團隊的組合，正因每個人角度都不一樣，才可以激盪出不同想法。

（四）、滾動式思維

滾動式思維，其實就是根據外在的變化或組織的環境，即時調整及修正決策。

在科技業，尤其是半導體的市場變幻莫測，有些公司的規劃者，會依據市場變化，做滾動式的產能預測。這個滾動思維的目的，就是讓每一次的產能預測可以更加貼合市場需求，更重要的是，讓公司根據產能預測做接下來的決策。

由於市場不斷改變，因此我們所做的決策，其實也在進行滾動式修正，每一次滾動決策，才會越來越精確，越來越有效果。

新冠疫情對餐飲業衝擊相當大，不過仍有不少餐廳能即時應對，讓損失不至於擴大，這就是典型的動態問題分析與決策的實際案例。美式餐廳貳樓，動態調整策略，超前部署，快速找到甜蜜的折價點，因應疫情動態調整取餐方式，優化取餐流程，讓員工跟客人減少接觸機會。貳樓認為，還是可以經營餐廳，預約取餐也有機會帶來營收，其中最重要的是，餐廳提供服務要成為民生必需品，能讓消費者一次購足所有東西。動態性問題分析與決策，就是要時刻了解外在變化，即時修正決策。因為事態變化非常快，所以必須在有限時間內，廣泛蒐集相關案例，以供決策參考。

以上四種思維能幫助大家培養動態性問題分析與決策的能力，日後無論環境怎麼改變，職場有任何突如其來的變化，都能即時應對，成為最能適應衝擊的「新物種」。

Chapter 14

會議即戰場，有準備、不吃虧

我相信每位職場人士都免不了參與會議，更有「三不五時開會」的窘況。有許多性質的工作幾乎每天都要開會，例如生產製造部門，每天都要開生產製造會議。

有些科技大廠為了應付每天早上的生產製造會議，工作者都會花三倍的時間準備會議資料，每天的會議的重點，就是了解當天生產線狀況，遇到問題也可以透過會議想出解決方法，當下解決。

會議結束後如有任何問題，就該馬上處理，因為產線最重要的是正常運作，沒有比每日持續生產更重要的事了。

我在業界工作時，參與最多的會議就是每日的生產製造會議，我最大的心得，就是「有準備的人從不吃虧」，那幾年的參與，訓練了我蒐集資料、分析資料，以及提問、簡報、回應、邏輯思考的能力。重要的是，「有準備的人從不吃虧」，即便有錯，我們也可以知道錯在哪裡，如何修正。不要以為「今天不是我報告」，坐著聽就沒事了，千萬不要有這樣的錯覺，你會被「莫非定律」懲罰的。

這幾年在輔導客戶時，我發現有些客戶的生產會議是兩天開一次、或三天開一次，著實讓我嚇一跳。

為什麼呢？因為製造業的生產跟製造是很重點性的工作，如果沒有每天開生產會議，怎麼能了解整個產線的狀況，就算很清楚，也可能只有某些人清楚而已，大多數人其實都像行屍走肉一般打卡上下班，更不用談跨部門合作了。

不過，為什麼生產會議要有跨部門的主管參與呢？其實思維是這樣子的，生產會議上可能會遇到一些狀況，由於生產製造要求立即處理，如果在會議上各個部門的主管都參與，其實就可以在當下馬上做決定，看要怎麼解決，否則會議之後，還是要有人去通知相關部門主管，重新把問題講一次，這樣處理問題的即時性就會落後。

因此我就要求輔導客戶，每日的生產製造會議，除了生產、製造、工程、設備與品保主管，資訊科技部門的主管也要列席參加。為什麼IT部門的主管要參加？因為生產資訊跟IT息息相關，若當天生產狀況跟IT有關，IT主管就必須馬上說明，不僅能讓各單位主管了解生產狀況，當生產遇到狀況時，也可以有效解決。

有一次我參與輔導客戶的生產製造會議，我看到當天的良率只有九〇％，是過去一段時間最低的數字，接著我就問了四個問題：

一、你們如何確定良率數字的正確性？

二、良率公式是怎麼計算的？

三、是什麼原因造成良率這麼低？

四、良率那麼低，當下有馬上開會召集相關人員處理嗎？

以上四個問題他們答得支支吾吾。我就告訴他們，那麼重要的生產指標發生問題，居然沒人能清楚回應。我要強調的是：「會議就是戰場」，沒做好充分準備的人，就會戰死在會議上。

接下來就和大家分享這些年來的會議心得，和我認為實用的簡報技巧。

不囉嗦、講重點，避開「簡報地雷」

不知道大家有沒有看過賈伯斯的簡報影片？他的簡報功力非常厲害，堪稱是「產品行銷之王」。如果上台報告時模仿賈伯斯，我們的簡報力是不是也能提升呢？

當然不可能，因為你和賈伯斯的簡報方式完全不一樣。賈伯斯的簡報偏重「產品的簡報」，一般公司多以「商業簡報」為主，以「解決問題的簡報」居多。

商業簡報有特定目的，銷售產品只是其一，或是以賣一項服務、賣一個idea呈現。所以，商業簡報更講求打入人心，讓對方買單「我們提供的解決方案」。

上班族一定都做過簡報，每天可能都有一堆事要和主管報告，可能是工作執行進度、專案報告、企劃提案等，相信大家都有輪番上台被炮轟、被羞辱的經驗，一上台到處都是地雷。

科技業內部的簡報多是偏向解決問題，這是訓練員工邏輯、思考及批判思維的最佳時機。一站上台，人人都可以發聲挑戰簡報內容，這個挑戰不是要打倒任何人，故意讓人難堪，而是反映實事求是的精神，也代表簡報者對一言一行負責的態度。無論任何職場、任何簡報，我們都必須有這樣的認知。

簡報辭不達意、避重就輕，話說得太滿或虛實拿捏不當，如果這種事常發生，工作能力不免會遭質疑，更嚴重的是，對外簡報時影響公司形象，讓客戶認為這間公司「言過其實」。

簡報不外乎表達順暢、進退有據，如實掌握數據呈現，邏輯推演切合主題，在時間有限的情況下力求說重點，同時歸納結論或重要發現。坊間有很多提升簡報力的工具書，建議大家可以參考練習，揣摩成功經驗，我相信人人都可以是簡報達人。

簡報要特別注意五大禁忌，也請各位看看我如何避免「踩雷」。

（一）、動畫太多，太過華麗

做人最忌華而不實，簡報也是，不要花太多時間「美化」簡報，反而忘記簡報最重要的目的——解決問題。

有一次我輔導的企業，有一組專案同仁向我報告專案內容，打開第一頁立刻跳出一堆動畫，還有配音。當時我就馬上變臉了，「我是來看你們報告專案的內容，不是看這些花拳繡腿，請直接進入重點。」

簡報不是設計比賽，選擇適合投影機顯示、容易閱讀的字型和版面，大致就可以了。字體和顏色不要超過三種以上，版面務求簡練，移除不必要的雜訊才能凸顯重點，簡單反而更有力量。

千萬記住，不要花太多時間美化簡報，主管和客戶不會讚美你的簡報「看起來很漂亮」，他們寧可你把時間花在真正的問題或解決問題的過程上。

（二）、前面兩頁，聽不到重點

研究顯示，「當人在傾聽時，注意力只能持續五分鐘」，之後就會漸漸走神。所以在有限的時間內簡報，一定要把握黃金時間講重點。

我們一定都遇過主管滔滔不絕講了一堆廢話，完全聽不出重點，我們通常會乾脆閉上耳朵，放棄聆聽。簡報也是如此，一旦聽眾感到不耐煩，其實就等於白講。

所以我建議大家把簡報的重點擺在越前面越好，越早破題，事情反而越明朗，不會讓人有霧裡看花的錯覺。

在我輔導的企業中，曾遇過客戶吵著要求產品降價的問題，當責主管因此要求同仁整理一份分析報告。當時簡報第一頁直接就表明結論：「不降價。」主管看到結論，面帶微笑地說：「很好，跟我想的一樣。」接著第二頁才依結論提出不降價的理由。主管花了三分鐘聽完，心情非常好。

其他組別報告時，前面幾頁都在鋪陳、看不到重點，主管也慢慢失去耐心。

在準備簡報的過程中，我們要不斷釐清數據、分析利弊，每個細節和疑問會在這個時候得到最合理的解釋或解決，既然我們可以歸納出結論，為什麼上台簡報時不乾脆直接揭露呢？記住，多數的時候聽眾都想直接進入重點，在第一頁講出重點，主管或聽眾才能根據結論提問，才能順理成章秀出其他附件資料做為佐證，如此一來簡報才有互動，也才能解決問題。

（三）、邏輯架構與思維脈落，看不出來

幾乎所有的問題都有因果關係，因此解題的步驟、邏輯、依據等，都要在簡報上清楚呈現。

記得有一陣子，我們公司的伺服器常有問題，由於經常發生這個問題，導致資料沒辦法呈現在報表上。我們很想知道，為什麼伺服器會常出問題，我就要求負責伺服器的同仁以簡報解釋這個問題。

同仁在報告時，邏輯並不是很清楚，整個簡報，甚至看不出解決問題的主要步

驟。

記住，提不出讓人信服的解決方案，整場簡報等於沒有意義，不能把問題「重新包裝」再丟給別人。

在解決問題的簡報中，最好的呈現方式是「放主標」。這能幫助我們在看報告時，清楚看到解決問題的思維。主標應包含：問題描述、現況分析、暫時對策、原因分析、對策思考、效果確認、如何防範再度發生，以及類似產品是否有同樣問題。只要有工作項目，一定要有負責人跟完成時間，這些在簡報中都應如實呈現。

假設我想了解一個專案執行的對策，經過一段時間是否有持續運作，但同仁簡單準備了一頁向我說明（如圖一），不知道大家看到這樣子的內容會覺得缺

圖一：一個專案執行三個對策：

對策名稱	是否持續運作中	附加說明
A.建立新圖審視流程	否	改用更好方法
B.建立品質管制審查流程	是	
C.建立技能檢定流程	是	

少什麼嗎？這樣的邏輯架構清楚嗎？

我的答案是「不清楚」。例如：看不到時間軸，何時實施A對策，持續進行多久？也看不出為什麼要採用更好的方法？分析結果也沒有。

這樣的簡報我會打零分，因為只是把問題和結論寫出來，完全不見邏輯推演的步驟，好像所有的問題都「理所當然」解決了一樣，但事實往往一戳就破，完全經不起質疑，更不用談實際執行起來還要面臨重重考驗了。

（四）、只有圖表、不見結論

每一頁簡報都要有小結，單頁的簡報，結論要放在第一行，而且結論要有依據。很多人在簡報時，或多或少都會放一些圖表，最常見的圖表就是趨勢圖、直條圖或圓餅圖。但若簡報上只有圖表，不見結論，等於是在考驗聽眾看圖說故事的能力。

這時候不免會惹來質疑：「請問你秀這一個趨勢圖，想呈現的結論是什麼？」你的主管也可能會問：「不要用一張圖讓我猜結論，可不可以直接講你的結論？」換句話說，我們要聚焦於每一頁簡報的內容，圖表的分析是過程，圖表分析完的結論才是重點而分析過程的邏輯是否合理，是否有依據支持，這都是製作簡報時必須注意的要點。

我舉個例子，我輔導的客戶每年都會有專案改善的主題，每一個主題都可以參加公司的競賽發表，有時候你就會看到這樣子的圖表（如下圖），只有分析各個改善主題因應對策的執行狀況，但不知道到底要告訴我們什麼結論，我們怎麼猜得出來。

（五）、簡報的文字或資料，自己完全沒弄懂

簡報呈現的文字與資料正確性，一定要

沒頭沒尾，錯誤的圖表呈現

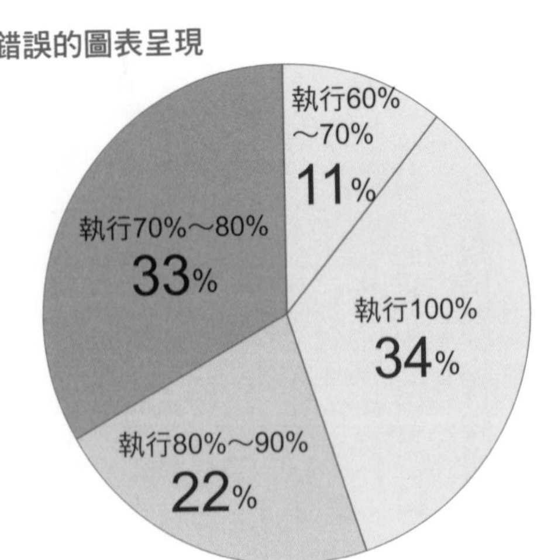

百分之百清楚，才會知道自己在講什麼，更不會一問三不知。

曾有一位朋友跟我說他的故事：先前有一家大客戶的產品交期延遲了半天，主管要他寫報告向高階主管簡報，解釋這家客戶的產品為什麼延遲。

在會議上，好幾位主管提了很多問題，對簡報中的一些數字提出質疑。其實當時的他，並不清楚這些數字如何得來，他都是直接從公司系統抓下來，沒有質疑這些數字就直接做成報告，也沒有從報告的結論反推，思考這些數字的意義。主管們問的都是一些很基本的邏輯，而他居然答不出來。所以那一天會議，我的朋友就掛在上面了，這個打擊

圖二：6 月 ~8 月設備故障維修時間

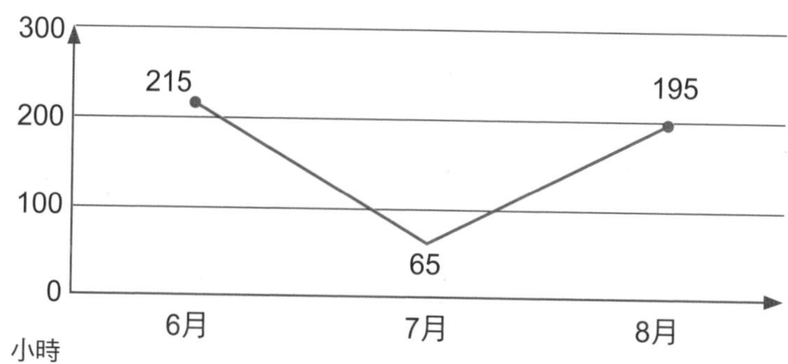

也讓他反省，給了他很大的成長機會。

另外，我舉一個在企業輔導遇過的案例。曾有一位主管向我簡報這幾個月設備故障的維修時間（如圖二），當我看到這些數字的時候，我就問他為什麼七月份的維修時間只有六十五小時，到底做了哪些對策呢？

結果他當場回答不出來，這讓我嚇了一跳，不就是三個月間的資料嗎？為什麼沒有針對每個數字了解清楚？為什麼自己不清楚的東西，還要秀上去？做簡報一定要有基本認知，只要有數據呈現，簡報者都必須了解每個數字背後的

簡報地雷和改善技巧

簡報禁忌	簡報技巧
動畫太多，太過華麗	簡報目的，比美編設計更重要
前面兩頁，聽不到重點	簡報開頭，先說重點
邏輯架構與思維脈落，看不出來	借助「主標」，讓簡報邏輯清晰
只有圖表、不見結論	每一頁簡報，都要有結論
簡報的文字或資料，自己完全沒弄懂	簡報涵蓋資料，都要弄清楚

意義。

本篇與大家分享了五個簡報禁忌和上台的地雷，反向看來，也是五個簡報的技巧。很多人工作都需要用到簡報，也常聽到很多職場人士存有疑惑，自認解決問題的邏輯不好，簡報能力更不好，因而想培養批判性思維。其實，只要把每天在公司發生的問題用簡報呈現，利用本篇提到的五個技巧練習，我相信一定能慢慢提升自己解決問題的邏輯思考能力。

Chapter 15

開會被問倒，絕不能說「事後回報」

我工作二十多年了，很多學生常問我，「到底如何培養解決問題的能力？」我就會跟他說，從「開會」開始學習。

怎麼說呢？就是把每一次的會議，當成學習場域，利用不同形式的會議培養自己解決問題的能力。

當你每天都有大大小小的會議，可以試著想想，如何透過開會培養解決問題的能力。不同會議形式所學到的能力並不一樣，你是否能針對不同會議分類，從不同的會議型態培養自己解決問題的能力？

這幾年的企業輔導，我很常介紹三種會議給企業，幫助企業提升會議效率及培養同仁解決問題的能力，成效都非常好。

一、部門例行性會議：強迫提問

在我輔導的案例中，有很多企業的會議都是同仁報告完後，只有主管提問，其他人悶不作聲，第一位報告結束，就換第二位上台，依序結束會議。這樣的會議，只有報告人對主管報告，其他人幾乎事不關己，你的部門會議也是這樣嗎？如果是，真的很可惜，現在連大學生上台報告，台下反應都不會如此冷漠。

接下來，我就導入「強迫提問」的形式，一個人報告完後，主管會問在座每個人「對報告的看法」，每個人都要發言，也一定要提問，這就是規定。我相信一個有作為的企業，每一場會議都不是無效會議，或淪為一言堂。

我們可以想像，這樣「強迫提問」的形式，是不是也間接啟動了同仁的學習模式。其他同仁報告時，要專心聽，而你問的問題，如果沒有切中要害，大家也會有所比較。每一個同仁提問時，大家又會互相討論、分享彼此的答案。無形之中，所有與會同仁都在訓練邏輯思考，同時聽到別人的看法跟見解。

另外，不是每份報告和項目同仁都親身參與過，一開始開會根本問不出太多問題。所以每次開會之前，一定要先看過別人的報告，才有辦法在開會時提出問題。當你知道報告時會被同事提問，就必須事先模擬，做好準備，如此一來更能幫助你掌握報告主題，甚至發現更多解題細節。

二、部門專案進度會議：即時回報

我印象很深刻，有一回輔導的企業召開部門專案進度會議，某研發處長向副總、總經理報告專案進度時被問倒了。處長說：「好，我再去查一下，明天再當面回報總經理。」

後來我建議他們，要在會議結束前就解決問題。當處長下一次遇到這種狀況，可以利用會議空檔，打電話給部門主管，整個部門動起來，幫忙查找資料，也許可以在二十分鐘內有答案，接著回報處長，由處長在會議結束前向總經理報告。

遇到這類問題，若無後援幫忙，其實很難即時回報，長官的疑問就會一直懸在尷尬的氣氛中。遇到問題，我們都想立刻得到解答，與其抱怨問題難纏，不如馬上行動起來找答案。

換句話說，平時就要做好資料分類，整理好相關數據和資訊，以備不時之需。我們都希望任何問題都能在會議上即時得到答案，不用每次都把問題帶回去，浪費更多時間。這類型的會議正是訓練員工，如何在平時做好準備，遇到緊急狀況能在短時間內找出答案。

三、跨部門專案會議：多元思考學習

我強力建議各大企業要有更多跨部門的專案會議，一方面可以讓跨部門的溝通更順暢，一方面也可以透過跨部門會議，解決公司比較大的問題。

在跨部門專案會議，我們可以互相學習不同部門的專業知識。由於跨部門專案會議規模較大，除了各部門的執行者參與，有時候執行者的主管們也會列席，因此可以同時和很多部門的主管開會。人一多，看事情的角度就更多元了，這是一件很棒的事。另外，因為跨部門專案通常要求使命必達，絕對不能延遲，所以在專案進行中，也能間接養成同仁專案管理的方法和技巧，例如：

- **向上管理**：當專案遇到瓶頸或需要支援，適度讓更高階的主管來解決。
- **跨部門溝通**：來自各部門的同仁，都有不同個性，年資、專業度也不相同。如何帶領這些人朝向共同目標邁進，是一個很棒的學習機會。
- **邏輯整合能力**：跟高階主管報告專案進度，也是一項挑戰。每次的專案內容，都要用一～二頁簡報呈現，十足考驗同仁的邏輯整合及簡報力。

我在工作時常用的「會議學習記錄本」，這個記錄本是用execl設計的，裡面記載了不同的會議形式跟日期，然後在會議上我學到了哪些東西（如下圖）。至今我仍維持記錄的習慣，只是形式不一樣了。不過重點不是形式，是你可不可以針對不同會議所學習到的知識加以記錄，養成這個習慣，對你未來的職場幫助很大。

我在輔導企業的時候，常常發現很多專案小組開會很沒效率。嚴格來說，這些會議都流於形式，根本沒有導入管理方法和技巧。我覺得開會要更有效率，應該要有一套方法制度和必要流程。

出在開會時，可以安排從會議前、會議開始、會議進行中、會議結束，以及會議後應該注意的事項，進行流程管理。

會議學習記錄本

	1/1	1/15	1/30
部門例行性會議			
部門專案進度會議			
跨部門專案會議			

記得，會議不只是會議，而是值得你全心投入的學習場域。

會議的必要流程

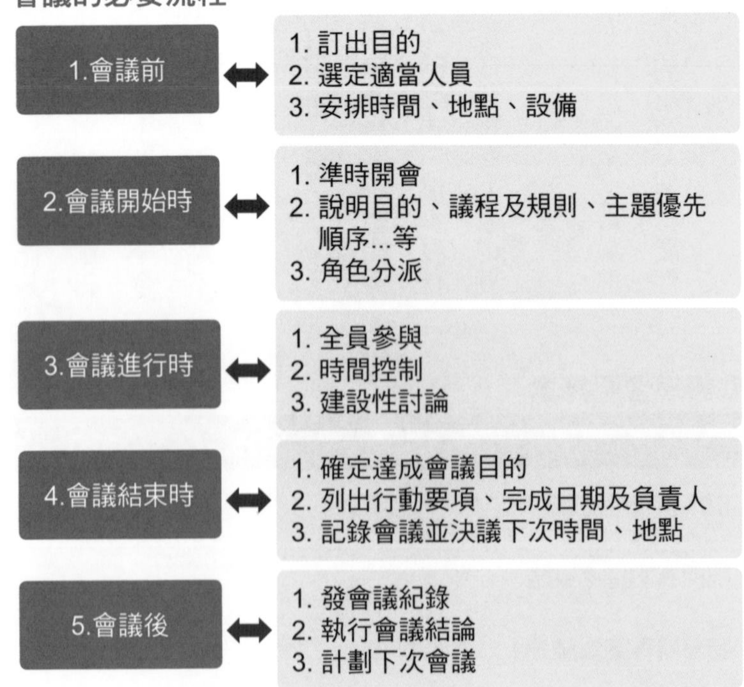

Chapter 16

7問句，有效提升提問力

相信大家在工作或簡報時，一定都有被主管問倒的經驗。主管提的問題，你不是回答不出來，就是根本措手不及。

「為什麼那麼簡單的問題也答不出來？」「自己做的報告，一問三不知嗎？」「你到底有沒有專心工作？」如果面對的是嚴厲的主管，可能還有更難聽的話。

我剛入行時，也遇過這樣的問題。每次答不出來，我都一定會說：「謝謝長官，我會去找答案再回覆你。」有時候我也納悶，為什麼長官問的問題，剛好都是我沒準備的？而有些提問，自己連想都沒想到。

經過幾年的磨練，我發現，要有如同主管般的提問力其實不難，重點是要清楚提問的邏輯，以及了解一般商務往來最在意的問題點。以下我以故事來說明。

有某間服務業，每個月都要提供四個營運指標（滿意度、總業績、業績／人、新客戶數目），呈報主管。這些指標數字如下圖，你能從中提出哪些問題？

一般人看月報時，首先會看相關數據正不正確，再看單一指標在各時間點波幅有多大，如果波幅是±2，大致上沒有什麼問題，但實際上超過±3，可能就會認定這是問題，接著才是準備相關報告，解釋是什麼原因造成的、應該採取哪些對策，避免問題再次發生。

根據以上二個觀點，再看看這張表（圖一），你有沒有新的發現：

圖一

	Q1	Q2	Q3	Q4
滿意度	99.9	99.8	99.9	99.8
總業績（千萬）	20	21	18	20
業績／人（萬）	100	110	120	105
新客戶目標	16	20	14	15

❶為何Q3總業績只有18？
❷為什麼Q2的新客戶數會增加這麼多？

可以很清楚看到，一般人在看這些指標時，最在意的其實是這些上下差不多的數據「不要出大問題」，也確認自己有能力合理解釋。

學習高階主管的提問力

我們檢視同一份月報，有一位承辦員工只看到業績及客戶有無成長二個問題，但簡報時卻有一位主管「進一步」提了二個問題：

❶為什麼總業績感覺沒什麼成長？
❷為什麼Q3的新客戶數下滑，但每個人業績卻上升？

該承辦人一時答不出來。他心想，第一個問題：總業績感覺沒成長，但總業績至少還算持平，有沒有成長應該還好吧，所以他沒發現這可能是個問題。

第二個問題，他確實沒有發現。當下他很快想了一些理由，向主管解釋，但是也覺得不對勁，因為他實際上沒有正視這些問題。

為什麼主管提的問題，事前都無法預測？我們可以從這個情境發現，高階主管到底如何看企業營運指標？在乎的方向是什麼？

如果我們能夠清楚知道他們在乎的方向，用主管的角度來看這一張報表，那就可以清楚知道主管會提什麼問題，也可以站在主管的角度來看待問題。如此一來，看問題的視野會更深、更廣，最重要的是，不會被盯得滿頭包。

從營運角度來看，我個人認為，企業的高階主管不外乎重視這三個方向：

❶業績有沒有成長？

❷有沒潛在的問題，即使是小風險，他們都非常在乎

❸所有數字的邏輯關聯，指標跟指標之間的合理性

如果你很清楚這三個方向，當我們重新來看這個案例時，你至少可以提出以下七個問題，這幾個問題都是高階主管可能會問的：

❶為什麼總業績沒成長？
❷為什麼Q2的滿意度下降○．一%？
❸為什麼Q3的每個人業績上升，但是總業績下滑？
❹為什麼Q3的新客戶數下滑，但每個人業績上升？
❺直接結合以上二題：為什麼Q3每個人的業績都成長，但總業績是衰退？且新客戶的數量也沒增加？
❻以趨勢來看，為什麼前三季每個人業績逐季上升，但Q4下滑呢？
❼每一季的滿意度都那麼高，請問這個指標的意義在哪？或是要看另外一個

反向指標：客訴件數

一般人看指標的目的，跟高階主管的目的完全不一樣，所以如果要預先準備主管的問題，就必須在乎他看待這些指標的用意。如果你擁有這樣的提問能力，你看到別人想不到的問題，而且站在高階主管的角度來看待時，未來跟主管開會就不用害怕了，因為他問的所有問題，都在你的掌握之中，這不是很開心嗎？

為了讓大家更熟練這樣的提問能力，我提供一個案例給大家練習看看（如圖二）。這是一家科技業的營運指標，從剛剛學到的技巧，你可不可以針對這些營運指標提問五個問題？

圖二

	Q1	Q2	Q3	Q4
產品良率	99.8	99.7	99.6	99.7
報廢數量	26	22	19	21
完成品的庫存數量	100	100	113	114

❶為什麼良率越來越低？
❷為什麼報廢數量越來越少？
❸為什麼完成品的庫存數量越來越多？
❹Q3的報廢是19，為什麼良率比較低？
❺「完成品的庫存數量」這個指標的目的是什麼？跟前面兩個指標有關係嗎？

培養基層員工具備高階主管的思維，用更深、更廣的視野來看待問題、解決問題，這樣的員工會成為企業的關鍵人才，當基層員工進步，整個企業也會跟著進步。

高階主管常問的七個問題

前面的案例只有四個常見的營運指標，但我們知道實際上營運指標不可能只有四個，每家公司的產業特質不同，關注的指標也可能不一樣。不過無論如何，企業追求的不外乎是永續經營，為股東及投資人創造獲利。

我從事企業輔導多年，因此有很多機會參與不同產業的重要會議，和許多高階主管交流學習，更因此練就了精準的提問力。究竟高階主管是如何看待營運指標，或他們最在乎哪幾個面向，我歸納出以下七個問題：

❶如果你是我，會想看什麼營運指標？
❷如果你是我，從這些營運指標會問什麼問題？
❸說服我之前，你有先說服你自己嗎？
❹針對這些營運指標，你看得「深、廣、遠」嗎？
❺如果常常Review的指標打掉重來，新的指標會是什麼？
❻沒有問題的指標，真的沒有問題嗎？
❼可以從有問題的指標，找到機會點嗎？

圖三

七個提問技巧	內容說明
比較	就兩項或多項資料比較異同，例如：甲機台和乙機台，A主管和B主管。
5W2H	利用「5W2H」發問：Why（為什麼），What（是什麼），Where（在何處），When（在何時），Who（由誰做），How（怎麼做），How Much（要多少）。把這些問題放在一起，彌補思考問題時的疏漏。
假如	思考假設的情境。例如：如果你是操作人員，你會如何？如果你是顧客，你想要的是什麼？
可能	利用聯想推測事物可能發展或做回顧與前瞻的瞭解，例如：採用A案可提高工作效率，但對品質上可能會有那些影響？
想像	運用想像力於未來或化不可能為可能的事物，例如：這個作業方式最理想的狀況應該是如何？
除了	為了突破成規，尋求不同的觀念或答案，例如：除了用甲、乙兩種方法外，還有沒有其他方法？
替代	用其他字詞、事物、觀念取代原有資料，例如：採用人員來量測費時費力，可以用什麼東西來替代？

如果是很少和高階主管開會，不需要那麼高深提問力的一般職場人士，也不用擔心，我再提供七個簡單的技巧，幫助你「提出好問題，得到好答案」。這七個簡單的技巧分別是：比較、5W2H、假如、可能、想像、除了、替代，只要融會貫通，隨時都能派上用場，真的非常好用（如圖三）。

我舉一個例子說明，請實際用七個技巧操作看看：某項產品在最近三個月的營收狀況（如下圖），請大家根據這個營收狀況，利用剛剛學到的七大技巧試著提問（參考圖四練習看看）。

提問能力、問題分析與解決、邏輯思考能力，這些職場的基本功，不會隨著時代變遷失去重要性，每個時代、每個產業、每個職場，都會有新的問題有待我們突

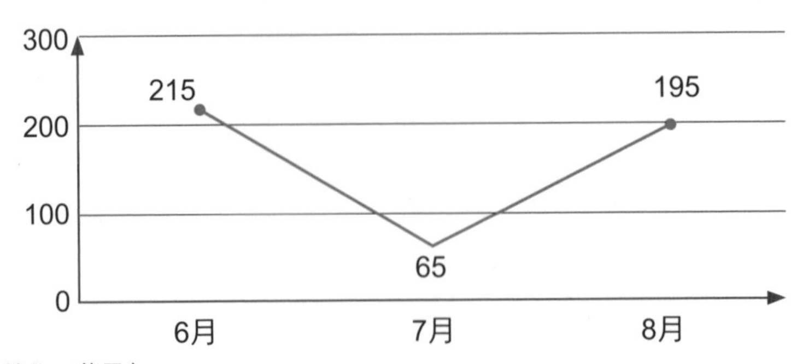

（營收：萬元）

圖四：

七個提問技巧	提問句
比較	1. 可以用月份來比較 →為什麼六月份那麼高，七月份那麼低？ →前面幾個月的業績狀況如何呢？ 2. 年度也可以比較：→去年同期的月份的業績如何？ 3. 分店跟分店之間也可以比較→其他分店在這幾個月的業績也跟我們一樣嗎？
5W2H	1. what：為什麼七月份只有65，請問這三個月業績的目標是多少？不同月份的業績會訂一樣嗎？ 2. How：七月份就已經感受到業績不好，請問當下我們要做什麼？（其他依次列舉）
假如	1.如果你是店長的主管，請問看到這一張圖會有什麼感覺？ 2.假如把圖表給基層的同仁看，請問他們會有什麼想法呢？
可能	1. 七月份只有65，八月份又上升到195，請問有沒有「可能」是做了哪些對策？還是都沒有做，只是因為市場上某些變化而讓八月份的業績往上呢? 2. 六月份很高，七月份比較低，有沒有「可能」是人員比較鬆散了，或者有沒有可能是農曆七月的關係?

七個提問技巧	提問句
想像	1. 我們是否可以「想像」一下， 我們還可以做哪些事，可以讓未來幾個月的業績都超過200？ 2. 我們可以「想像」一下，如果未來的景氣不錯， 那現在是不是要招募一些人進來？
除了	1. 除了現行拜訪客戶的方式外， 我們還有其他方式擴大接觸嗎？ 2. 除了七月份下滑之外，請問之前還有哪幾個月份下滑呢
替代	1. 你覺得業績下滑還是跟兩位同仁有關，那如果把這兩位換掉的話我們有什麼樣替代的方案嗎? 2. 如果我們把現行的產品換成其他的產品請問業績就會馬上提升嗎？

破。「提問是學習的開始」，多問多學，透過整合問題，釐清思考脈絡，才能訓練自己的邏輯思考能力。

Chapter 17

把握幫忙他人的好機會

工作總會遇到難題，有些問題可以靠經驗法則或自己解決，更多時候我們都需要求助於人，自己如此，其他同事也是如此；什麼都會、凡事只靠自己的人應該算是稀有動物。學習幫忙、幫對忙，讓所有的合作、互助產生正向循環，職場才會充滿正能量。

如果別的部門主動請你幫忙，但這些事情與你的工作和績效沒什麼相關，你會願意幫忙嗎？很多時候我們連分內工作都忙不過來了，根本無暇協助別人，但你有沒有想過，會不會因此錯失學習甚至是升遷的機會呢？

學習辨識「麻煩事」或「好機會」，是職場生存的重要技能，若你遇到一個好機會，該如何把握呢？

首先，我先談跨部門溝通的問題。許多企業存在部門溝通不良的狀況，會有這樣的情況，絕大部分是組織本身的文化影響。很多公司總說把員工當成「一家人」，但實際上部門、人與人之間卻是涇渭分明。

現實是，上級通常只會訂定出各部門的年度ＫＰＩ，部門與部門之間很少有合作的機會。兄弟爬山，各自努力，大部分的人也都是執行主管交代的任務，達成自己的ＫＰＩ，行有餘力才會主動幫忙其他部門。

那麼，當跨部門需要你的支援和協助時，應該怎麼判斷要不要幫忙呢？

判斷能否協助跨部門支援

（一）、這個專案由老闆、主管交付

如果跨部門專案是由老闆或主管交付，或是由別的部門透過你的主管指名要你幫

忙，一定要二話不說主動協助。此時指定你，不外乎有兩個原因：

❶你很有能力，老闆或主管不信任其他人

❷你可能比其他同事更有時間幫忙

不論是哪一點，這件事你必須當仁不讓。

（二）、專案由別的部門直接交付

如果是由別的部門主動找你，不妨好好評估：如果這件事並不困難，或者將來你可能也需要該部門幫助，此時最好答應幫忙。職場上，會做事、也要懂做人，維持良好的人際關係相當重要，今天建立的人脈，未來肯定會派上用場。

（三）、對未來是否有幫助

當別的部門找你做一項曠日廢時的專案時，請先衡量自己的工作量，還有這件事對未來的工作有沒有幫助。如果沒有，而你目前的工作量也大到無法負荷，就該予以拒絕，不要不好意思。但如果這項專案的內容正好是未來職涯發展上想補足的專業，而且你也有興趣，這時我會建議你和主管溝通，獲得認可就可以合作。

過去我在企業服務時，常有很多別的部門主管請我幫同仁上課，當時有一段時間我擔任公司內部「問題分析與解決」的講師，只要有部門主管想要為部門工程師強化系統性問題分析與解決的能力，就會寫信給我，請我規劃安排課程。幫這群工程師上課，對我當時的績效是沒有任何幫助的，但幫忙別的部門上課，其實可以不斷精進自己的授課技巧，對我後來的講師生涯確實幫助非常大。

如果你只願意完成自己分內的工作，雖然同樣是完成主管交辦的任務，但長此以往就看不出你額外的價值。以職涯發展來說，多做跨部門專案會接觸到不同的人，從不同面向思考問題，甚至可以發現自己的不足，這些經驗都將成為未來職涯很重要的拼圖。

「跨出舒適圈」是時下勵志的金句之一，你不妨先跨出部門試試看。而當升遷的機會降臨時，我們又該如何把握呢？

眼光不要只看當下

其實「好機會」這個概念比較主觀，每間公司或多或少都有這樣的機會。之前我曾碰過輔導的公司要進行ERP升級，這可能是十年或二十年一次的大專案，比每天要處理的公事還重要。要碰到這樣大專案頻率很低，像是ERP升級這種由各部門高階主管統籌的專案，就是絕對要把握的機會。

如果你害怕自己因為經驗與技術不夠，害怕搞砸整個專案，不敢爭取的話也別擔心，我分享自己的經驗，提供三個技巧。

（一）、主動爭取當助手

一般來說，這類大專案都會由比較資深的人員負責，但你可以跟主管爭取，表明自己願意當助手。之後你就可以參與專案會議，遇到問題時還可以跟資深前輩學習。

除此之外，也可以自願做會議記錄，通常大型專案的會議冗長且複雜，很多人都不願意接下會議記錄這份苦差事，但與會的人員全是各部門主管，甚至還有跨國廠商，你若能自願幫忙，從這些會議中累積下來的思維邏輯，對自己也是很好的學習管道。

（二）、找幫手

假設這個專案真要由你負責，而你又對自己的能力沒有自信，那我建議你找主管一起去，並表明自己資歷尚淺，過程中會有很多不懂的地方需要人幫忙。必要時，你甚至可以向主管開口討救兵，指名同仁幫忙，從旁協助你。更重要的是，讓主管或老闆看到你的主動積極，讓他們多給予資源和支持。

（三）、主動請教

如果專案不是由你負責，你也沒爭取到幫忙的機會，但你又真的很想學習，那我建議你請教負責這件專案的同事，跟他詢問開會內容，同時明確表示如果對方有需要自己可以當助手。

職場很現實，我想不需要多說大家都能明白。如果別的部門真的需要協助，不管你答不答應，都要請對方寫信，並在信上說明希望你幫忙的事項、工作細節，最後再請他CC你的主管，讓主管清楚知道你被請託做些什麼。

積極協助跨部門專案，不只能讓眼界提升、留下好口碑，下次做大型專案時，大家也比較容易想到你，也會比同儕更容易獲得晉升的機會。

Chapter 18

公平的考績公不公平？

某銀行南部分行的A理專，今年每月理財手續收入未達部門設定的目標一〇〇萬。主管分析，雖然今年景氣不好，但大部分同仁上半年還是可以達標，只有A理專做不到。而且，別的專員每天都工作到八點，A理專卻總在六點準時下班。其他同仁每天撥電話給客戶的次數超過二十通以上，A理專通話數量只有其他同仁的一半。二〇二〇年受到新冠肺炎疫情影響，很多理財專員、銀行投資部門的績效都不好，不過還是有很多理專同仁表現不錯。

「這些事情，我都看在眼裡，我們每月、每週都有定期檢討，但A理專的績效還是不如預期。按過去的經驗，我早就把他fire了！就只差那一步。」A理專的主管如此抱怨。

不知道大家怎麼看？或許有很多人覺得，績效好的理專一定非常努力，而「準時下班」、「不用心維繫客戶關係」的A理專肯定在打混摸魚。所以這個問題再怎麼分析，答案都一樣，就是開除A理專，重新找一位肯努力、能力強的新人取代他。

不過，問題有那麼簡單嗎？一有狀況就把人fire，那麼這間公司也好不到哪去吧。為了釐清這個問題，我建議這位主管用「問題分析三步驟DAS」（Description-Analysis-Stratification）尋找線索，並和他一起討論。

「問題分析三步驟DAS」是透過描述問題、分析問題、層別分析三步驟，有效釐清問題發生源的具體方法。讓我們一起看看，A理專實際上遇到了什麼狀況。

一、描述問題（Problem Description）

首先，我們先描述問題，我推薦大家使用「3W1H」描述問題（如圖一）。A

理專平均每月手續費收入五十萬，未達一〇〇萬目標，已經連續七個月沒有達標，如果問題不解決，年終獎金將減少二個月，更嚴重的是分行總收益短少三〇〇萬，分行排名下滑十一名（從A級掉至B級）。

二、問題分析（Problem Analysis）

針對A理專二〇二〇年一月至七月平均每月手續費收入五十萬，未達一〇〇萬目標的問題，在問題分析的這一個步驟，

圖一

3W1H		描述
What	發生什麼問題	
When	此問題何時發生	
Who	誰發現此問題	
How Impact	問題不解決有哪些影響	

我們需要探討A理專過去幾年的績效表現，回溯過去，才能有憑有據、互為對照，進而檢討當下為何會發生問題。

調查發現，A理專是二〇一八年底錄取的新人，二〇一九年表現不錯，每個月理財手續收入都有達成部門設定的目標，所以結論是，二〇一九年有達標，二〇二〇年一月至七月沒達標。因此，以個人角度而言，是否是個人因素、或是家庭因素造成？這個分析是A的主管在說出fire之前，沒考慮到的面向，這是一個很好的切入點。

三、問題層別分析（Problem Stratification）

接下來，我們再比較A理專與其他達標的理專，這樣的比較就是層別分析。我們分析了六個項目（如圖二），分析結果出爐，A的主管才恍然大悟，二〇二〇年由於疫情的關係，整個投資市場慘淡，以投資為主的理財商品損失很大，而大部分的散戶都會先逃離市場，所以A理專的問題不全然是個人問題，很有可能是市場面的問題，不能全怪罪於他。

「A理專的問題」我們運用了「問題分析三步驟DAS」釐清，在分析過程中，本來認為A理專打混摸魚，因而想開除他的主管也看到自己的盲點，分析後才發現，績效未達標極有可能不是A理專的問題，而是他所負責投資為主的理財商品，正是疫情下的受災戶，而其他理專同仁，多是負責保險為主，衝擊影響有限。

原來過去習慣的經驗值，居然會成為決策的盲點。

圖二

屬別項目	A理專	其他達標理專
1. 每月約訪數	2人	5～6人
2. 每日扣客數	10通	20通
3. 理財產品別	投資為主90%	投資30% 保險70%
4. 工作時數	8小時（不加班）	平均9~10小時
5. 客戶資產	12億	平均20億
6. 客戶類型	散戶	高資產企業主

運用「問題分析三步驟ＤＡＳ」，我們可以看到更完整的問題，甚至是不同的發生源。只要習慣以系統性的方法和工具釐清問題、分析問題，我相信有九〇％以上的問題，都可以突破思考盲點。

如果大家都學會這套方法的話，我出一道題目，讓大家更熟悉、一次就上手。假設某工廠內，同一種機台總共有三台，型號為Ａ、Ｂ、Ｃ，有一天Ａ機器突然故障，請使用問題分析三步驟ＤＡＳ來分析。

一、描述問題（如圖三，請自行描述。）

二、問題分析

問題分析就是進行比較，我們可以先簡單了解該機台的使用年限，這是很容易掌握的切入點。

假設該機台已購入五年，就可以抓過去五年的故障次數比較，然後了解一下，當時是什麼原因造成故障，上級又有什麼對策因應。在問題分析這個步驟，要完整比較過去與現在遇到的問題。另外，眼下的問題也要解決，要進一步了解該機台目前的故障是哪方面出了問題。

三、問題層別分析

機台總共有三台，A機台故障，B和C正常運作，接著我們再針對這兩個族群進行差異分析，層別項目可能是壓力設定數字、溫度設定數字、產品材料的供應商、操作人員與操作方法等等，只要透過這樣的分析，應該就會發現一些蛛絲馬跡，進而釐清A機

圖三

3W1H		描述
What	發生什麼問題	
When	此問題何時發生	
Who	誰發現此問題	
How Impact	問題不解決有哪些影響	

台故障的原因，你也可以列表分析試試看。

我相信任何職場人士只要學會「問題分析三步驟DAS」，以後不管遇到什麼問題，一定都能有不同的觸角思考，並能做出對的決策。

Chapter 19

升遷的5種能力

往上爬，才能看得更遠，人生才有不同的風景，這是老生常談的話了。在職場打滾，「能不能升遷」應該能視為「人生大事」之一了。

升遷與否，從來不是自己說了算，你在職場上的表現，都是別人在打分數，晉升與否最終決定權都在老闆和主管手上。實力和表現是升遷與否的先決條件，這是最普遍的認知，任何人都不會提拔一位沒有貢獻的人，所以「努力」非常重要，而且更要讓人看見。

職場常有這樣的狀況：同期的同事晉升速度比你還快，你該怎麼調適心態呢？你是真心替同事開心，又暗自沮喪？或者，你有沒有分析過，為什麼自己的能力其實並不差，卻比任何人晉升慢嗎？到底哪個環節出了問題？

我入行的時候，有幾位跟我同期進公司、交情也還不錯的同事，後來有幾位升遷的速度特別快。老實說，一開始心裡難免有些情緒，因為我自認能力並不比他們差，但是升遷名單上就是沒有我，當下不免會怨天尤人，說什麼「雲淡風輕」其實都是後話了。

第一時間我不是整理桌面、打包走人，這本來就不是比賽，我也不認為自己是輸家。首先，我告訴自己要儘快抽身，不能深陷在不平衡的情緒裡，這時候應該「先把自己整理好」，理性審視自我，到底哪裡做得不夠。主管不升我一定有原因，一定是我某方面做得不夠好，或者還有很大的進步空間，我的能力不只有現在這樣而已。

除了檢視自己之外，還要用心觀察他人，學習他們優秀的地方，同時也彰顯自己的努力。

我發現，優秀的人都具備五種能力，在此整理和大家分享。你也可以看看自己的職場周圍，有沒有這樣的同事。

❶**專業：**要得到主管信任，領域內的專業度必不可少，尤其在大公司，你要升上去，專業能力就要夠強。

❷**態度與做事方法：**主管都會看，你遇到問題的態度是什麼，解決問題的方法是什麼。同樣問題出現時，有沒有更效率、更聰明的方法？在你解決問題的過程中，主管看的不只是結果，還會觀察整個過程。

❸**努力：**這些人大多比你想得還要努力。即使有高學歷，他們還是每天比其他人更早到公司，更晚才下班，甚至連假日都在工作。試想，條件那麼好的人，還是那麼努力，我怎麼可以有半點僥倖。

❹**人際關係：**不只是做事方法，待人處事也很重要。如果人際關係不好，主管就算幫你升職，下面的人也不會服氣。

❺**印象分數：**在主管心中留下好印象，肯定對升遷大有助益。比方說，做別人不想做的事，像是擔任尾牙主持人、自告奮勇參與大型專案等，都能為印象加分。

簡單來說，我認為升遷就是由這五個能力交互影響，水到渠成。專業很強，做事積極且高效率，比別人更努力，人際關係好，當然有時候，還會適度跟主管拍馬屁。

以我同事的例子來說，他能在短時間內升上主管，專業能力與工作方法無庸置疑，而且人際關係也經營得相當不錯，常協助別的部門主管完成專案，甚至會自告奮勇接下別人不愛做的工作。另外，一樣是接專案，他會選擇高階主管最在意的專案，這樣就有機會定期跟高階主管報告專案進度，難怪他會在那麼短的時間內升任主管。

如果你是那個「沒被升到」的人，該怎麼調適？我提供六個面向參考，你可以透過這六個面向，全方面檢視自己的能力，同時因應公司需求，把自己調整到最好的狀態。

（一）、分析企業組織文化

升別人，沒升你，遇到這樣的情況，你應該先想到公司的組織文化。以優秀的人都具備的五項能力進一步分析，在你的公司，哪一項比重較高的人容易被看見，好好思考自己的努力是否與公司文化吻合。

假設你身處的職場不重視專業與工作方法，只在意人際關係與拍馬屁，那你就要思考自己是否做得到。如果自身價值觀與公司文化不合，可能也代表自己並不適合在這家公司繼續待下去。

如果公司文化和你相符，就應該進一步調整自己，不只是心理調適，也要看看自己還缺乏什麼能力，還可以再加強。公司的組成就像金字塔，每年能升遷的可能就是頂端的幾個人，當下也許沒有你的一席之地，不代表往後都沒有機會。

（二）、分析升遷者的優缺點

回到原點，我認為能得到升遷機會的人，一定有優點。用前面提到的五種能力特質分析升遷的理由，就能從中得知自己跟他的差別在哪。比方說，升遷很快的同事們，他們的專業能力很強，也經常為公司解決複雜的難題和專案，更懂得與主管打好關係，因此時常被老闆表揚。

分析出他人有哪些能力比你強，你就有修正的方向，這樣一來不只能摸索出公司升遷的規則，也能更快調整好心態。

（三）、回歸升遷本質

除了心態上的調適，更重要的是回歸本質，問問自己，到底想不想升遷。

升遷不只是權力與薪資的晉升，相對要負的責任也會跟著增加。就我的觀察，職場上有很多人希望往上爬，但卻期待要承擔的責任相對變少，總認為有權力之後，就可以把工作丟給位階比自己低的人，變相轉移責任。小心，這樣矛盾的心理會反映在行事態度上。雖然你會因為別人升遷心裡感到不平衡，但你展現出的態度，卻也沒有給人「積極往上爬」的感覺。

你應該自問，是否準備好承擔更多責任。如果真心想升遷，除了理性分析組織文化，檢討自己有表現積極主動的態度之外，「誠實面對自我需求」也非常重要。

（四）、養精蓄銳、等待機會

有些人不喜歡出風頭，喜歡埋頭做事，以工程師為例，我發現這種貫徹「老二哲學」的工程師為數之多。他們的心態大抵上是：反正我就是認真做，盡量做好每項交辦任務，總有一天一定有機會升遷。

人的性格早在出社會前就已定型，不會因為進入職場而有大幅轉變，低調進取也沒什麼不好。對這樣的人，我的建議是持續精進自己，讓自己的三個能力（專業、態度與做事方法、努力）更加明顯，同時也被人看見，機會來臨時主管才會想到你。

（五）、考慮部門升遷的名額

一個部門的升遷名額是有限的，如果你想要往上爬，就要考慮部門的升遷名額是不是已經滿了。如果是，與其一直被動等待機會，不如主動詢問轉換部門的可能性。只要專業能力夠，換到升遷管道比較順暢的部門會是更快作法。

這個方法跟第四點「養精蓄銳、等待機會」提到的概念是相反的，一個是被動等待，一個是主動出擊，但我認為兩者都有一個大前提，就是「往上爬」的企圖心要夠強大。

（六）、訂立明確目標

許多人面對同期升遷，第一反應大多是抱怨「為什麼不是我」。其實這類抱怨，對心態調適沒有幫助，應該要試著理性分析背後的邏輯是什麼，然後為自己設定目標。這點很重要，因為只有設定目標，才會有動力實踐。設定目標，絕對不是「我要當主管」這麼含糊，必須給自己一個明確的時限，承諾自己在時間內務必達到。

回想當年看到同期同事升遷，我也告訴自己幾年內要升上主管，最後雖然多花了一年，但有了明確的奮鬥目標，才會有明確的努力方向與動力。

最後幫大家整理升遷的四個小重點：

❶培養五大能力：專業能力、態度與做事方法、努力程度、人際關係、向上

管理。

❷**確認心態**：是否真心想升遷？是否準備好承擔更多責任？

❸**考量實際升遷名額**：有些部門升遷名額少，該轉換部門？還是留下來累積實力？

❹**訂出明確目標**：在這個目標下，列出待完成事項，並且加上時間限制，努力才會更有方向。

Chapter 20

設計有激勵成效的考績制度

幾年前我幫一家太陽能公司導入持續改善專案，有一次輔導過程中，人資主管跑來問我的意見。他說剛好到年底了，準備打考績，只是公司考績制度非常簡單，不知從何下手。

我看完這家公司的考績指標後，發現這樣的考績好像只著墨在形式，完全看不出考績的目的，內容只是列出今年做了哪些事，然後直接交給主管，也沒有開任何討論會議，更不要說個別訪談了。

這讓我想起台積電前董事長張忠謀曾說過：「大家好像都把ＰＭＤ（Performance Management Development，績效管理與發展）的重點放在打考績上面，ＰＭＤ的重點應該是培養人才（Development），這不但是部屬的Development，也是主管的

Development。評估部屬的成績，告訴他們優點和缺點，這個過程不僅是培養部屬，事實上也是在培養自己，提升自己『培養人才』的能力，這也是主管最大的責任之一。」

以我個人的經驗和這幾年輔導企業的心得來看，良好的績效評估方式，能讓員工看到自己的盲點，發現自己的潛能，同時看到同事的優點，彼此標竿學習，進而持續精進自己。接下來我分享個人績效考評的重點，看看我們可以從中學到什麼。

透過績效評估簡報會議，標竿學習每個人

如果你的部門有六位同仁，要求每個人針對當年度所做的日常工作與專案，製作績效評估簡報。這個績效評估簡報有固定格式，為了凸顯自己的工作價值，強調自己和其他同事有所不同，這個簡報至關重要，要讓所有人看到你的亮點，清楚你的工作內容。此外，除了主管要評估同仁績效，建議同儕之間也要互評。

績效評估會議上，每個人約有十分鐘報告時間，讓與會主管跟同事了解你的工作項目。要清楚切要透過績效評估簡報，告訴大家今年完成的工作項目，講完後，與會的人還會針對不懂的地方發問。

每一位同仁都講完後，需要與會者評比：六人之中，哪一位最好？哪一位最差？另外四位就是正常水準。績效互評環節，同樣也是十分鐘。如果對同仁的工作完全不了解，其實根本不知道怎麼打分數，同仁互評也是一個學習的機會。

輸人不輸陣，績效評估的激勵效果

由於輔導授課的關係，所以我在企業也認識很多人，曾經有一位P先生跟我分享他的小故事，故事是這樣子的：P先生剛入職第一年，總覺得自己沒什麼像樣的成績可以寫在考績上，但在績效評估會議上，P先生卻看到其他同事列了非常多的工作跟專案能力。當時他心想，明年做的專案一定要比別人多，一定要找不一樣且重要的專案來做，這對P先生是很正向的激勵。

輸人不輸陣，隔年再打績效的時候，P先生就發現自己的工作項目跟專案成績突飛猛進，就是以這樣的績效評估精進自己的職能。至少對P先生個人而言，績效評估是反思、精進的機會，也是激發個人潛能很棒的管理機制。

這個小故事，就告訴我們績效評估有很正面的激勵效果。此外，由於同事之間必須互評，所以大家平時也會留意、觀察同事在做哪一些專案。這也是借鏡同事，標竿學習很好的方法。所謂的與強者為伍，就是這個道理吧！

績效評估簡報，應涵蓋哪些內容

說到這裡，會不會有人好奇績效評估簡報到底該寫些什麼？其實內容大抵是績效管理跟發展項目，我建議，績效評估報告中要分別填寫五個項目：

❶核心價值屬性評量表

❷主要年度成就表

❸你的優勢與潛能是什麼？別人如何看你

❹個人有哪些能力需要改善？列出你的提升計畫

❺規劃下一年度的具體主要目標與產出

「核心價值屬性評量表」（圖

圖一

核心屬性	自我評估（1~10）	具體事件描述（重點描述）
1. 正直與誠實	9	
2. 顧客導向	9	
3. 創新	8	
4. 履行承諾的決心與能力	9	
5. 主動負責與當責	9	

一），列出了五項，每家公司文化不同，所以核心的價值屬性可以做彈性調整。

自我評估一到一〇分，分數越高，代表你平常工作時，展現的屬性意象更為強烈，分數越低，則代表你較沒有展現這個屬性。

舉例來說，若你在今年做了很多創新專案，在創新這一欄，就可以自評八分或九分，另外針對每一個核心的屬性，能夠寫出一～二個具體的事件，證明評估的分數其實是有依據的。

另外一張表是「主要年度成就表」（如下圖）。從這張表來看，會很清楚每個人在一年當中做了哪些專案。舉個例子，一個具體的工作目標，叫做「重要客戶的交期控制」，為了這個目標，我總共做了三件主要工作，分別為：建立重要客戶每日報表、建立重要客戶追蹤機制、每天寄送客戶交期狀態給客戶窗口。

以上績效評估項目，是要讓我們不斷反思，自己的優勢是什

年度具體主要目標	年度主要成就
1. 重要客戶的交期控制	1. 建立重要客戶每日報表 2. 建立重要客戶追蹤機制 3. 每天寄送客戶交期狀態給窗口

麼？能不能透過自身優勢尋找下一個年度專案，進而發揮潛能，針對能力不足之處，是不是可以寫出個人的行動計劃。

我把這些績效評估的方法跟技巧提供給這位人資主管後，他驚訝地發現原來整個績效評估可以那麼完整，之後他想跟公司建議，把這些都納入公司的績效評估制度，聽起來是一個好的開始，至少把這些東西納入公司制度，就會在公司內部發芽，而且這些制度流程有非常正面效益。

我相信每一位職場人士，都可以透過這些指標精進工作表現。不斷檢視自己，借助與同事、主管的討論，看到自己在工作過程中的盲點。你也可以找一個標竿導師，跟他一起討論，找出自己的優勢跟潛能，進而不斷精進自己。

Chapter 21

「變」是常態，調適為上

二〇二〇年COVID-19疫情肆虐，衝擊全球，重創各行各業及民生經濟。這段時間「變」已然成為生活的新常態，WFH（Work From Home）更是討論度最高、未曾停歇的關鍵字。當工作與生活的界線被迫模糊，必須改變工作型態或生活模式時，改變與否已不是選擇，而是必然。

假如你期望維持一樣的工作模式、思維想法，認為這個「變」再過不久就會回歸正常，那麼你的職涯很可能在未來的某一天遭遇大危機。

遠距有多遠？

我是企業職業講師兼顧問，舉我的例子你就明白了。兩年前，我和同事一貫如常，主動到企業內部協助業主培訓同仁，企業培訓課程多講求人跟人之間的互動，也因為有這樣的互動，課程才顯得有趣。

這就是我的工作，不幸碰上疫情，所有培訓課程都被迫暫停、延期，甚至取消。

如果不試著改變調適，只是期待疫情過去，回到往常，在一間準備好的教室、面對面授課，那麼一旦企業改變培訓方式，我勢必會遇到危機。

怎麼說呢？當疫情爆發的時候，企業窗口可能會詢問講師，有沒有線上培訓的可能性。一旦有講師開始嘗試線上培訓，企業也在這段期間習慣了新的機制，疫情舒緩後，企業培訓就絕對不會只有線下課程。改變的過程，當然會改變人的想法跟思維，也會讓企業重新思考，什麼樣的培訓成本最低，最能達到學習目的？

不妨想像一下，如果疫情（或甚至各種危機）來回波動幾次，一下進入高峰，一下回到正常狀態，接著又進入高峰。每一次改變，都會有不同因素，原本以為的「正常」，也會慢慢變得不再是我們想像中的模樣。

四個訣竅，養成遠端高效工作術

從二〇二一年五月台灣本土疫情大爆發開始，我心裡就有不祥預感，不過靜下心想，減少人與人之間面對面往來，確實是阻斷傳染鏈的最佳做法，這樣不得已的防疫措施，就是要讓確診數慢慢趨於平緩，直至歸零。

擔心疫情擴大，有很多公司實施遠端工作，如何兼顧高效率，我從自身經驗分享四個訣竅。

(一)、每天開早會

以前工作時，每天上班第一件事就是開早會。開早會，能了解當日的工作方向，這裡提到的早會制度類似如此。我也相信許多企業的早會制度已行之有年。

遠端工作，其實只是工作地點、環境、空間不一樣了，但工作時間並沒有改變。此時若能建立早會制度，就能快速了解當天的工作內容，對主管或一般職員都有好處。簡而言之，就是每個人都清楚自己當天要做什麼。

早會的目的是溝通當天工作，可以讓每個人講三分鐘，讓大家互相提醒工作事項，讓工作更聚焦。隔天的早會，則需要報告前一天完成事項：前一天有哪些產出？每件事做到什麼程度？在工作上遇到哪些困難？結合當天要做的工作，一人可以控制在五分鐘左右，在早會提出討論。

遠端早會，不一定要定期召開，初期可以一天一次、一天兩次，而後慢慢變成兩天一次，重點是養成紀律，居家工作不至於鬆懈。

（二）、會議時間安排平均

遠端工作勢必要透過線上裝置視訊會議（conference call），比起實體會議更容易讓人疲乏，所以開會時間不能安排太密。什麼意思呢？就是不要整個下午，從一點到六點，整整五個小時都在開會。最好的方式是，開完一小時後，至少休息半小時，讓身心靈好好放鬆。

視訊會議開得越久，越容易消耗專注力，我建議不要把重點會議密集排在一天、兩天，盡量平均安排在每個工作天。此外，視訊會議更講求效率，我相信沒有人喜歡一直被綁在線上，所以發言講重點、聚焦議題也很重要，至少讓會議控制在一小時左右結束。

（三）、工作分解

工作分解指的就是專案管理的「工作分解結構」（Work Breakdown Structure，WBS），把一個工作、任務、目標，拆解成更小的工作。為求達成目標，每個小目標都要執行到位。

舉個例子，如果公司網站要做更新，有近五十個工作項目要修改。身為專案管理者，就要把目標聚焦到每日與每週要完成的工作事項。最好能把工作項目，拆解為以天為單位的任務，拆分過的工作項目更有機會達成，效率也會更高。這樣的工作方式，也是在訓練上班族工作管理的能力。

遠端上班也可以進行，這樣的工作方式不受空間影響，我們依然可以把工作分解成各個小目標，依次達成，另外我們還可以透過撰寫工作日誌來記錄、追蹤每項進程。

（四）、加強定期、不定期溝通

在家上班少了人與人之間的互動，難免會感到寂寞、無聊，甚至提不起勁，居家工作久了其實大家都一樣，那怕是高高在上的CEO，在家也不過是平凡人而已。

家裡不是牢籠，本來就是我們生活的地方，我強烈建議居家工作時安排一些放鬆時間，或找有趣、實用的線上課程，輕鬆閱讀、學習，你也可以找人聊聊天、聽聽音樂，每天撥一點屬於自己的時間，安定身心靈。

身為同公司員工，你可以每天花個十分鐘找同事聊天，彼此鼓勵。身為主管，也可以不定期找員工閒聊，聽聽員工的想法，慰問打氣。這些看似「浪費時間」的事，其實對工作效率大有幫助，這時刻難得的溫情比什麼都重要。

「變」是常態，遠端工作也是你我不得不習慣的模式，與其空等回歸常態，我們不妨好好思考如何讓遠端工作維持高效，也趁此時檢視自己的工作習慣、生產力變化。重要的是，在每一次的改變中應對自如，在短時間內調整好工作節奏，這就是高效率的展現。

我辦事，請放心

當台灣新冠肺炎疫情大爆發，我發現還有一個有趣的現象，朋友群讀Line、回

Line的速度，好像都比過去更快。這或許是因為，大家在家上班，無時無刻都坐在電腦前。

為什麼要寫工作日誌？

這讓我想起多年前，我在上班的一段小故事。記得有一次，我們的單位要盤點人力，主管因此想知道每個人做了哪些事、這些事花了多少工時。於是，主管要求我們每個人製作工作日誌，每天都要做，以小時為單位記錄工作內容。假設你今天上班八小時，八小時做了哪些事，都要記錄下來。不用寫得很細，但至少清楚記下工作事項內容。另外，工作日誌也要特別區分「專案工作項目」或是「例行工作項目」。

這樣的工作日誌，當時讓我覺得很不舒服，怎麼說呢？一來，每天工作都很忙，還要撥出時間寫日誌；再者，這似乎也意味著主管對我們不信任，所以要我們寫工作日誌，主管才會放心。

大概寫了兩個禮拜後，部門主管就與我們一起討論每個人的工作日誌，討論的問題分別為：

❶你做這項工作花了幾個小時？可以描述一下工作內容嗎？有沒有可改善空間？

❷這項工作價值高不高？如果價值不高，是否就不要做？還是可以移轉給誰來做？

❸有些簡單工作項目，花費的時間理應不長。若這些項目花費時間特別長，這時就要討論：為什麼花了這麼多時間？真正原因是什麼？是否需要協助？

❹若是例行性的工作，要思考如何減少工作時間。若是專案工作，縮短工時就不太可行，這時就要思考如何投入更多資源，協助達成專案目標。

經過這一番討論就會發現，有些工作真的值得改善，而有些原是員工默默在做的工作，也會藉此被主管知道，經討論後，或許就可以把這個工作取消或拿掉，把心力聚焦在更有價值的事項上。

當時這段經歷，雖然可能也有不信任的氛圍在裡面，但最後呈現出來的，其實都是在協助大家如何提升工作效率？如何把時間花在刀口上？如何處理沒有價值的工作，好把時間花在更有價值的事情上。

回到疫情下的遠距辦公，如果之前主管對員工的工作產出沒什麼信心，那在開始遠距後，主管跟員工之間的不信任感就會更擴大。

工作日誌是管理工具

遠距辦公，不只是辦公空間改變，工作思維也要調整。不論是管理者或一般員工，都要調整思維。寫工作日誌的真正目的，不該是為了監督或控管員工有沒有偷懶，而是透過工作日誌了解大家在工作上有否遇到問題，然後一起改善，讓所有同仁，一起朝著組織的目標邁進。只是在運用工作日誌的同時，也要考慮同仁的感受與工作負荷。

那麼，要如何取得其間平衡呢？我分享三個技巧，提供主管和員工們思考：

❶以小時為單位寫工作日誌，區分例行工作與專案性質工作。為了避免增加同仁寫工作日誌的負擔，建議寫出彼此清楚的工作事項即可。

❷剛開始寫工作日誌，建議每天寫一次。等主管與同仁之間累積更多信任之後，再改成兩天一次、一週一次，漸次調降頻率。

❸若不寫工作日誌，就要讓主管知道每天工作產出。產出較少的同仁也要主動跟主管報告：是什麼樣的因素，讓當天產出減少。日常溝通可以強化員工和主管之間信任。

填寫工作日誌，可能會讓大家產生負面想法：是不是主管不信任我？擔心我上班時間都在處理私事？還是覺得我的工作產出不如預期？所以想用工作日誌監控我。

換一個角度想，工作日誌可以幫助我們檢視自己的工作效率。寫工作日誌，類似記錄金流進出。很多人說，工作一陣子都沒存到錢，錢不知道花去哪了，因此每天記錄金流進出，一陣子之後，就會發現原來錢都花在買衣服、買配件……如果要省錢，就要控制少揮霍。而如果沒有這樣的紀錄，就很難知道金流去向。寫工作日誌的思考方向，就跟每天記錄金流進出的思考方向一樣。

以這個角度來說，寫工作日誌，對自己、對主管、對組織其實都是有幫助的。彈性填寫工作日誌，也有助個人檢視工作狀況，透過書寫工作日誌來反思與沉澱，也是一件很棒的事。

後記

給正年輕的你

給正年輕的你

5標準，判斷工作適合度

「工作到底是什麼？」我相信每個人都可以自己定義，深究起來，人人都可以是哲學家。我的標準很簡單，「適不適合而已」，每月只要有七天開心上班，我覺得就是樂在工作了。

我離開台積電後專職顧問工作，記得有位林同學聽了我的線上課程後，發信請教我個人職涯發展問題。

林同學畢業後一直待在筆電產業擔任ＰＭ，但做了五年，他突然覺得自己並不是那麼適合這份工作。他要和很難溝通的夥伴共事，帶領團隊也常遇到挫折，有時是團隊成員不願共同完成任務，有時甚至會有情緒失控的問題。他十分確信自己不適合擔任管理職，反而想轉做資安的工作。他認為資安工作比專案管理、產品管理更具專業性。

我相信很多職場人士都能體會林同學的心境。其實很多人求職前，都會藉由自己過去的所學選擇工作，但當我們步入職場，經過風風雨雨、跌跌撞撞後，總不免會自問：「我真的適合這份工作嗎？」該如何分辨是否適合，我分享五個方法幫助你分辨，重新認識自己和工作。

(一)、上班情緒：每月三〇%以上時間，帶著愉快心情上班

你可以試著感覺每日的心情起伏。如果你每天起床上班是開心的，會在腦中順一遍今天的工作事項、想著可以學到什麼。如果你每月至少三〇%以上時間（每個月工作日二十二天，三〇%約為七天）工作時的狀態是這樣，依據我的職場經驗，這是一件很棒的事。

我在台積電工作時，每天開車通勤往返新竹台北，我常在開車途中想好今天有哪些事情要處理、要開哪些會議，資料都準備好了嗎？主管會問哪些問題？專案進度都

如期嗎？我每次想著想著，都覺得很興奮，因為我又可以藉由工作學到新的知識了。如果你也有這樣的心態，那我認為你對這份工作肯定是喜歡的。

進一步來看，你必須檢視自己對工作有沒有抱持積極態度，當問題出現時，你會不會主動處理？你會主動吸收與工作相關的知識，還是相當被動，交辦事項一定要別人講才開始動作？若是如此，那對你而言，這份工作可能就只是一份工作，因為你無法懷抱熱情，也沒有動力前進。

工作的職責在於處理問題、完成主管或部門目標。如果你下班之後就不想動腦，總是上班時才開始想辦法，這也沒有不對，只是你把工作與生活切割得很清楚。不過或許可以由此判斷，你對這份工作可能沒有那麼大的熱情。

但如果你有一項很想克服的任務，洗澡時也想、睡前也想，甚至半夜起來都有靈感，最後還從工作中獲得成就感，得到主管肯定，而你也為此感到開心，這就代表你喜歡這份工作，而且樂在其中。

（二）、工作內容：工作內容一半以上不厭倦，代表還有熱情

我們不該很武斷地用「喜歡」、「不喜歡」的二分法劃分工作，這就像去遊樂園玩一樣，一定有你想玩和不想玩的設施。再怎麼喜歡的工作，一定也會有不喜歡的任務，反之亦然。

因此我建議，可以試著把工作進行拆解，將每天要做的任務分成細項，評估喜歡、不喜歡、沒感覺，如果當中有超過一半以上是你喜歡做的事，就代表你對這工作還懷有熱情。

舉個例子，例如有一份工作是提升公司網站的流量，為了減省公司的行銷費用，需要操作關鍵字搜尋，讓客戶可以透過Google關鍵字搜尋快速找到公司網站，增加公司網站流量，提升公司實質業務量。這個工作可能會拆解成三個細項：

❶定義公司網站的關鍵字（三三％）

❷修改公司網站的內容（三三％）

❸每天監控有多少流量進到公司網站（三三％）

如果這三項，有二項不感到厭倦（六六％），那就代表你對這份工作懷有熱情。

再舉一個例子，財經記者。簡單說明記者的一天：

❶長官指定新聞，記者風雨無阻外出採訪，趕回電視台製作新聞帶
❷等待長官核稿，同時被編輯台催促新聞帶（馬上要播出了）
❸追蹤產業消息，打聽市場面消息，充實財經知識

許多記者朋友非常不滿長官安排的工作，只是忍氣吞聲、混口飯吃，更不喜歡被編輯催促寫稿，甚至遭惡言相向。唯一支持他做下去的原因，僅有這份工作可以預先得知產業面消息，有利自己買賣股票。幾乎有一半的工作內容他都不喜歡，只是當一天和尚，敲一天鐘罷了，這樣真的很難看出他對這份工作的熱情。

這樣的評斷方式很簡單，不妨把你的工作進行拆解，分辨哪些工作喜歡／不喜歡，這樣就能清楚自己對這份工作是否還抱有熱情。

（三）、工餘時間分享：你是否願意和人分享工作點滴？

願意在休息或下班時間談論工作的人，我認為他應該不至於討厭現在這份工作。

例如，同樣都是ＩＴ工程師，有些人對於自己的工作描述可能就是「嗯，就寫程式啊」，但有些人卻可以滔滔不絕講出工作內容。後者勇於在私下討論，講出工作上經歷的一切，雖然可能會夾雜牢騷，但也代表現在這份工作能為他帶來成就感。當然，如果只是純粹抱怨，例如抱怨同事、主管或一直嫌棄自己的工作，就不在「分享」的範疇內。

我曾有一段時間擔任台積電的內部講師，幾乎每隔幾天就要去各部門傳授「問題分析與決策」，或擔任內部「持續改善活動的顧問評審」。那段時間我每天都非常開心，因為這就是我喜歡的工作。我只要遇到朋友，都會很想分享工作上的點滴，那種分享不是臭屁，而是很想分享我在工作上得到的成就感和滿足感。

你也可以問問自己：「有多久沒跟別人分享工作的點滴了？」

（四）、職涯目標：清楚長遠目標，短期工作重點不會是「適合與否」

如果長遠來看，現在的工作只是一個短期規劃，那就沒有喜歡不喜歡的問題，因為你真正的目標是未來，目前只是在學習。譬如說，我在入行時定下的目標，就是成為企業顧問講師。以當企業顧問來說，我很清楚自己需要「五管」：產、銷、人、發、財（即產品、行銷、人事、研發、財務）的工作歷練。

但我不是全都有興趣，例如：我並不喜歡生產管理部門的工作，可是如果沒這塊生產管理的工作經歷，現在的我在協助企業輔導時，就沒有相關經驗與背景，所以即使當時不是很喜歡，我還是要做下去，因為我很明確知道這能為自己的長遠目標加分。

但是很多人並不清楚自己的職涯目標，只專注把任務做好，對自己的職涯毫無頭緒，或完全沒有規劃。

我們可以從很多離職後的同事身上看到，有些人更上層樓，而有些人仍然在混，這沒有絕對的對或錯。不過你要知道，「機會是給準備好的人」，這句話很老套，卻是真理。只要你有長遠的規劃，那麼短期的工作重點就不會是「適合或不適合」，而是能否從中累積未來的經驗值和頭銜。

（五）、進修學習：進修內容是否與工作內容相關？

還有一點也很重要，就是下班之後的進修是否與你的工作內容相關。進修的內容與工作相關，正代表你喜歡這份工作，所以選擇進修，渴求補足當中不懂的。如果進修的內容不相關，很可能代表你已經在規劃其他工作。

如果你很喜歡現在的工作，卻對未來充滿迷惘，我會建議你持續精進自己，去進修認識新朋友，增廣見聞，與同樣追求進步的人交流，你會得到不同的觀點，不僅能知道自己適不適合這份工作，也會激發你對未來做出不一樣的規劃。

當你對現在的工作感到迷惘時，不妨用這五項判斷標準來檢視自己，說不定會讓你對這份工作有更深的體悟。現在的學習管道越來越多元，不管你將來的職涯規劃是什麼，找尋自己喜歡的工作，有目標、有規律地學習，對你的職涯絕對有加分。

接受挑戰、勇與改變

「持續工作，然後呢？」你會不會時而感覺一成不變，感到疲乏、倦勤？沒關係，這是人之常情。

記得我的主管曾說過一句話，至今讓我印象深刻：「工作每年都要有專案改善，才能持續刺激同仁想像力。」這就是激勵我們勇於挑戰。每年年底，主管在評核工作績效時都會問，「針對你的工作，明年還可以有什麼改善或創新？」這些內容會納入每年的績效考核。

我在輔導客戶的時候，常常發現他們的考績都是看日常的表現，因此我都建議他們的考績可以做些調整，就是日常表現占五〇％，另外五〇％則要看專案績效。簡單說，每年要不斷改善自己的工作，才有可能獲得更好的績效成績。

櫃檯接待工作，如何創新？

我舉一個例子，讓大家想像一下：每家公司的接待處，都有所謂的接待人員。櫃檯接待人員，平常是做什麼的呢？我想，不外乎就是接待訪客、接聽電話，然後做電話轉接的行政工作。

這樣的職位，可能每天、每年做的事都一樣，做久了可能會沒什麼成就感。有人可以一做好幾年，也有人會感到倦怠，因此選擇離開。我曾經問過好幾家公司的主管，「櫃檯接待的行政人員離職率高不高？」大部分的答案都是「蠻高的」，因為工作沒什麼挑戰，每天做的事一模一樣，任誰都會覺得沒成就感。

我曾經輔導過一家公司，我的團隊協助他們導入持續改善的專案，要求他們每年都要有專案改善，以此刺激同仁的想像力，獲得更好的績效與工作成就感。

行政接待這個工作也有很多地方可以改善。來訪賓客通常會在大廳等待一段時間，而同仁也需要放下工作，從辦公室走到大廳會見。縮短雙方等待時間，也讓來訪賓客不必久候，就是接待人員可以改善創新的空間。

另外，若來賓有攜帶電腦跟手機，很多公司會用紅色貼紙貼在手機跟電腦的鏡頭，以防來賓拍照。但有些貼紙不容易撕下，甚至會造成鏡頭刮傷。如果接待人員有察覺到這些問題，就可以去想有沒有更好的點子解決這樣的問題。

找不到改善之處，請借助「他人」眼光

你可能會問，「會不會改善到一定程度，就沒什麼好改善了呢？」有時確實會如此，這時候你可以借重其他部門的同仁來「幫你發現問題」。

我的輔導客戶中，曾有一位研發部門的同仁發現，貴賓常利用中午時段拜訪，但來訪時公司同仁都在用餐，常有臨時找不到人，只能讓來賓在一樓沙發等待的狀況，等午休時間結束，同仁才能帶來賓進公司參訪。

這位研發部門同仁發現問題後，告知接待人員，會發生什麼事呢？負責接待的行政人員會很開心，因為有人想了問題給他，他就可以想辦法進行改善和創新，而且年度的專案主題也有了。

一樣的問題，如果在其他公司，你能想像會發生什麼事嗎？事實上，職場有很多因為「多管閒事」產生的誤會和不快。當研發部門把問題交接給接待人員，接待人員很可能會覺得這不關他的事，也不一定是由他們來解決。他或許會說：「那就讓他等啊，中午時間點大家都在吃飯。」研發部門人員聽到這樣的回應，以後可能就不提了，畢竟提了也沒好處，甚至可能會招來酸言酸語：「不要只是丟問題、不出力，出一張嘴！」

讓員工願意「發掘問題」

另外我也協助客戶導入「提案制度」，我們把提案制度分成「構想提案」跟「行動提案」。構想提案是指，只要你有好點子，就可以請別人來執行，不限自己部門。而行動提案則是自己想的點子，且已經完成。公司委員會每年都會為各部門設定提案件數，每年還會針對同仁的提案做競賽與優良提案的分享，讓同仁之間可互為標竿學習。

剛剛提到的例子，就是研發部門想出了一個點子，這個點子可以算是該部門的提案件數，而接待人員接到提案後，若覺得不錯，他們會自行改善解決。這樣的制度因此創造部門的雙贏，也激發了同仁的想像力。

很多企業文化其實都是刻意經營的，但卻能刻意到讓眾人受用。一個持續改善的文化，其實是由很多東西組成，但至少「專案改善納入績效」與「提案制度」就是很不錯的作法，我的輔導客戶最後都獲得很棒的成效！

不管你現在一般職場人士，或未來想成為主管，我的建議是，每天都要問自己，「工作還可以有哪裡需要改善？」如此你就會知道，職場上所有的路，其實都是不斷修正、再修正來的，只有進步才不會退步。

永遠的不及格——學習負責，為自己打分數

常聽到有些人踏入新環境工作，沒過多久就因為太辛苦或壓力太大選擇離開。我在台積電待了十年，究竟如何存活下來的？和大家分享我的故事。

我在台積電第一個職位是負責生產管制與管理。報到後第一週，主管跟我說，「你還不用做事」，但我每天都有工作文件要看、要學，有些是投影片資料，有些是SOP（標準作業程序書）文件。我需要按照主管寄給我的學習清單，按部就班看完表列中的所有文件。

當時新人一進入公司，都會安排一位資深員工，為我做生活或工作上的諮詢，並搭配一系列的培訓，第一週的新人學習週，學長利用工作之餘，教我很多東西，讓我可以快速適應工作上的步調。

到職未滿一年，萌生離職念頭

兩個月後，工作慢慢上手了，但辛苦的日子也來了，連續工作十五個小時也是家常便飯。每天七點左右進公司，晚上十點才下班。每天就是工作、再工作，累了就睡覺，起床後又是工作。有一段很長的時間，我幾乎沒看過太陽，只有月亮和星星伴著我回家。

後來某天早上，我六點半開車到達公司，在公司停車場轉啊轉，心中突然萌生離職的念頭。在台積電，除了上班還是上班，這不是我要的生活。除了工時長，壓力也大，一進公司就像在打仗，一有狀況馬上就得處理。有時你心中的一〇〇分，可能只是老闆心中的五〇分。

我認真想了想，之所以會有認知上的落差，是因為老闆已經習慣公司的高標準作業，而員工卻無法察覺老闆眼中的重點。

身為基層員工，我們常從一個點看問題，以為單一點解決了，問題就能被解決。但老闆常能從這個點，看到很多線，甚至看到整個面。但當時的我，還不具備這種解決問題的思維，換個角度想，我還有很大的進步空間。

離職的念頭醞釀幾天後，我還是撐下去了。「如果這些辛苦你都不能克服，那未來要如何克服更困難的事？但如果你能撐過這一關，那往後還有哪些事情，能難得倒你？大家都想進來，你好不容易進入公司，別人想進還不一定能進得來。在別人放棄你之前，你不能先放棄。」當時的女友這樣鼓勵我。

這一段話，成為一股不能放棄的力量。我對我自己說，至少我要存活下來，我要證明給所有人看。這股不服輸、想存活下來的決心，對我日後創業的影響也非常大。

不看別人學歷，讓自己重新出發

沒有親自走一遭，很難想像台積電匯聚了多少菁英。那時候我的同事們不是台大就是清大、交大，還有不少來自美國名校。碩士學歷是基本，博士級的同仁也不少。

和這些高學歷的菁英們共事，我變得非常沒自信，畢竟我不是來自名校，總感覺自己矮人一截。除了來自主管的壓力外，還有來自同仁之間的競爭，壓力之大可想而知。但我無法改變這些事實，如果我想生存下來，就必須改變自己的想法。

想了一段時間後，我決定換個想法，我認為自己不比人差，否則也進不了公司。與其一直看著別人的學歷，不如把學歷當成過去，讓自己重新出發。進公司是看努力程度與工作態度，況且我學到的功夫都是自己的。想法轉變之後，工作的信心與目標又慢慢回來了。漸漸地，我也把優秀同仁視為學習對象，我又何其有幸，可以跟這些強者學習，讓自己也有機會成為強者。

工作一陣子之後，我知道要在公司裡存活下來，工作績效一定不能太差。所幸當時我很清楚自己的強項與弱項，我持續在工作上強化強項，工作之餘補強弱項。後來終於在到職二年後，在部門專案競賽中拿到第三名，對當時的我而言是非常大的鼓舞。

我想說的是，心態很重要。競爭激烈、同儕壓力，都無法靠一己之力改變，但面對同一份工作，心態調整對了，很多問題就不再是問題，再難的專案都有機會成功。

從想放棄，到轉念，我的勇氣與決心

這是一段從想放棄，到轉念、勇氣與決心的心路歷程。「放棄」是因為找不到工作的價值。「轉念」來自於不看別人的學歷，讓自己重新出發。「勇氣」來自於家人的鼓勵。而我的「決心」來自於設定目標。接下來就是勇往直前、努力不懈。

當年撐住、存活下來後，一待就是十年，如果當時不到一年就離職，很難想像現在會怎樣。但我相信，因為這段最輝煌的人生，我因此變得更強大了，同時更要感謝當時遇到的主管跟一路上的貴人朋友。

在職涯一路上，我學到的功夫使我受用無窮，我有幸能藉本書向各位讀者分享我所學到的處事原則、工作方法與核心價值，也期待各位從中獲取養分，練就高效率的工作法，培養出嶄新的思維。我堅信只要一步一腳印、篤實前行，所有努力都會在生命留下痕跡。

思維的良率：

台積電教我的高效工作法，像經營者一樣思考、解題

作者	彭建文
商周集團執行長	郭奕伶
視覺顧問	陳栩椿
商業周刊出版部	
總編輯	余幸娟
責任編輯	涂逸凡
封面設計	Javick工作室
內文排版	点泛視覺設計工作室
出版發行	城邦文化事業股份有限公司-商業周刊
地址	115020 台北市南港區昆陽街16號6樓
	電話 ：(02)2505-6789　　傳真：(02)2503-6399
讀者服務專線	(02)2510-8888
商周集團網站服務信箱	mailbox@bwnet.com.tw
劃撥帳號	50003033
戶名	英屬蓋曼群島商家庭傳媒股份有限公司城邦分公司
網站	www.businessweekly.com.tw
製版印刷	中原造像股份有限公司
總經銷	聯合發行股份有限公司 電話：（02）2917-8022
初版 1 刷	2021年（民110年）08月
初版 10 刷	2024年（民113年）04月
定價	380元
ISBN	978-986-5519-56-8 (平裝)

國家圖書館出版品預行編目(CIP)資料

思維的良率：台積電教我的高效工作法，像經營者一樣思考、解題/彭建文著. -- 初版. -- 臺北市：城邦文化事業股份有限公司商業周刊, 民110.07
面； 公分
ISBN 978-986-5519-56-8(平裝)

1.職場成功法

494.35 110008741

藍學堂

學習・奇趣・輕鬆讀